网络专业校企合作开发项目式教学系列教材

Windows 服务器配置与管理实训教程

主　编　孙景祥

副主编　张　鑫

参　编　邵　斌　刘学普　韩国峰
　　　　刘红娟　沙学玲　刘振强

电子工业出版社
Publishing House of Electronics Industry
北京·BEIJING

内 容 简 介

本书是以学生在实际工作岗位中需求的服务器运维能力为出发点,通过各个项目实训、内容的由浅入深、系统全面的实训提升学生掌握网络服务器安装、使用、管理和服务器搭建维护的能力。

根据计算机网络技术的发展趋势,本书从实际应用出发,选择技术成熟、使用频度大的 Windows Server 2003 网络操作系统为实训系统,为培养学生的实际动手能力,全书共设计了 15 个实训项目。本书项目主要包括: Windows Server 2003 系统安装配置到用户管理、磁盘管理、文件管理,以至网络服务器安全策略和各类服务器搭建配置管理技术;旨在通过实训项目的安排,使学生能够将课堂中学习到的知识技术在实训中得到训证、加深对相关知识点的理解和技术掌握。

本书可作为高职高专院校计算机网络技术专业的实训教材,也可作为非计算机专业计算机与信息技术课程的基础实训教材,还可供相关领域的工程技术人员学习、参考。

未经许可,不得以任何方式复制或抄袭本书之部分或全部内容。
版权所有,侵权必究。

图书在版编目(CIP)数据

Windows 服务器配置与管理实训教程 / 孙景祥主编. —北京:电子工业出版社,2014.7
网络专业校企合作开发项目式教学系列教材
ISBN 978-7-121-23031-8

Ⅰ. ①W… Ⅱ. ①孙… Ⅲ. ①Windows 操作系统-网络服务器-高等学校-教材 Ⅳ. ①TP316.86
中国版本图书馆 CIP 数据核字(2014)第 080406 号

策划编辑:王羽佳
责任编辑:郝黎明
印　　刷:北京京华虎彩印刷有限公司
装　　订:北京京华虎彩印刷有限公司
出版发行:电子工业出版社
　　　　　北京市海淀区万寿路 173 信箱　邮编:100036
开　　本:787×1092　1/16　印张:6.75　字数:172.8 千字
版　　次:2014 年 7 月第 1 版
印　　次:2017 年 9 月第 3 次印刷
定　　价:25.00 元

凡所购买电子工业出版社图书有缺损问题,请向购买书店调换。若书店售缺,请与本社发行部联系,联系及邮购电话:(010)88254888。
质量投诉请发邮件至 zlts@phei.com.cn,盗版侵权举报请发邮件至 dbqq@phei.com.cn。
服务热线:(010)88258888。

前　言

Windows 网络操作系统实训教程为适应计算机网络技术专业技能培养的要求，根据实际工作过程所需的知识和技能抽象出若干个实训教学项目，形成了高职计算机网络技术专业学生量身定做的 Windows 网络操作系统实训教材。本书从职业的岗位分析入手开展教学内容，强化学生技能训练，在训练过程中巩固所学的知识。

本书从实际应用出发，为培养学生的实际动手能力，设计了 15 个实训项目。从 Windows Server 2003 系统安装配置到用户管理、磁盘管理、文件管理，以至网络服务器安全策略和各类服务器搭建配置管理技术；旨在通过实训项目的安排，使学生能够将课堂中学习到的知识技术在实训中得到训证、加深对相关知识点的理解和技术掌握。本书结合《Windows Server 2003 网络操作系统》教材中的与实训相关章节内容的学习，提前做好实训预习，做到实训前明确实训目标、掌握实训的基本内容及操作方法；在实训中正确使用实训环境，认真观察实训结果；实训后针对实训目标，认真思考总结，梳理成功与不足，写出实训报告，将知识、技术和能力融会贯通，从而做到学以致用。

本书由孙景祥任主编，张鑫任副主编。全书共 15 个项目，各项目主要编写人员分工如下：第 1~2 项目由邵斌编写，第 3~4 项目由刘学普编写，第 5 和 14 项目由韩国峰编写，第 6~7 项目由刘红娟编写，第 8~9 项目由沙学玲编写，第 10 项目由刘振强编写，第 11~13 项目和 15 项目由孙景祥编写，孙景祥和张鑫负责全书的审稿和修改工作。

由于计算机网络技术的迅猛发展和作者的水平有限，书中难免有错误和不妥之处，恳请读者批评指正。

编　者

2014 年 7 月

目 录

项目一　VMware 虚拟机安装与配置 ……………………………………………………… 1
项目二　Windows Server 2003 系统安装 …………………………………………………… 9
项目三　Windows Server 2003 系统基本配置 …………………………………………… 16
项目四　Active Directory 基本配置 ………………………………………………………… 23
项目五　Windows Server 2003 磁盘管理 ………………………………………………… 33
项目六　Windows Server 2003 文件管理 ………………………………………………… 39
项目七　Windows Server 2003 账户组管理 ……………………………………………… 47
项目八　DNS 服务器搭建配置管理 ……………………………………………………… 52
项目九　DHCP 服务器搭建配置管理 …………………………………………………… 62
项目十　Web 与 FTP 服务器搭建配置管理 ……………………………………………… 71
项目十一　WINS 服务器搭建配置管理 …………………………………………………… 76
项目十二　终端服务配置管理 ……………………………………………………………… 80
项目十三　打印服务器配置管理 …………………………………………………………… 83
项目十四　TCP/IP 网络工具使用 …………………………………………………………… 87
项目十五　Windows 2003 组策略管理 …………………………………………………… 92

项目一 VMware 虚拟机安装与配置

1.1 项目提出

某公司网络管理员小李需要对新入职员工做岗位培训,在保障现有设备安全运行的前提下,如何能让新员工能够顺利完成岗位操作培训呢?小李想到了通过在普通工作站上安装 VMware 虚拟机,搭建虚拟机平台安装网络系统,来模拟工作岗位环境,培训新员工。

1.2 项目分析

1. 项目实训目的

- 掌握 VMware 虚拟机的功能;
- 掌握 VMware 虚拟机的安装;
- 掌握 VMware 虚拟机的配置。

2. 项目主要应用的技术介绍

虚拟机(Virtual Machine):是一台"软件"计算机,它运行在计算机上的一款软件程序,用来模拟计算机硬件功能,为其他软件程序提供一个独立的计算机环境。

虚拟机是一种严密隔离的软件容器,虚拟机的运行完全类似于物理计算机,它根据实际物理硬件虚拟出自己的一套硬件设备。

对于用户而言,能看到哪台是物理计算机,哪台虚拟计算机。但对于操作系统和应用软件来说,是不会也无从分辨的,两者在根本上没什么区别。

从 20 世纪 60 年代 UNIX 诞生起,虚拟化技术和分区技术就开始了发展,并且经历了从"硬件分区"→"虚拟机"→"准虚拟机"→"虚拟操作系统"的发展历程。

硬件分区技术是将硬件资源划分成数个分区,每个分区享有独立的 CPU、内存,并安装独立的操作系统。

完全虚拟化技术不再对底层硬件资源进行划分,而是拥有一个统一的宿主系统。该宿主可以是一个传统操作系统,也可以是一个 vMM,其上可以安装多个未经更改的客户操作系统(Guest OS)。其代表实例有 VMware 系列、微软的 Virtual PC 等。这种虚拟机运行的方式有一定的优点,例如能在一个节点上安装多个不同类型的操作系统;但缺点也非常明显,虚拟硬件设备要消耗资源,大量代码需要被翻译执行,造成了性能的损耗,使其更合适用于实验室等特殊环境。

泛虚拟化技术或准虚拟化技术以 Xen 为代表,它在硬件上覆盖一层 Xen Hypervisor,并需要修改操作系统的内核。

抽象仿真虚拟机。操作系统虚拟化技术。最新的虚拟化技术已经发展到了操作系统虚拟化,它们的特点是一个单一的节点运行着唯一的操作系统实例。通过在这个系统上加装虚拟化平台，可以将系统划分成多个独立隔离的容器，每个容器是一个虚拟的操作系统，被称为虚拟环境（VE，Virtual Environment），也被称为虚拟专用服务器（VPS，Virtual Private Server）。这种虚拟机的典型实例是 Java 虚拟机。

虚拟化的优势在于：

（1）降低成本。

管理成本、软、硬件成本、基础设施建设成本、电力成本。

（2）整合硬件设备。

摆脱复杂混乱的硬件、电源、机位、网络、存储、IT 管理员等。

（3）改进 IT 管理架构兼容性。

动态资源分配，每个应用程序可动态分配所需的资源；设备虚拟化管理，更好的评估系统容量。

（4）改善可靠性。

降低维护和补丁造成的宕机虚拟化的优势时间；在软件、硬件故障时候快速备份恢复系统；轻松部署 HA 高可靠性服务器集群。

（5）自动化管理更加轻松。

减少开通、配置、补丁、恢复的维护时间，增强安全性、隔离性；可允许自动管理维护更加人性化。

我们常见的虚拟机产品主要包括：Vmware 公司的：VMware Workstation、VMware vSphere 等，微软公司的 Virtual PC、Virtual Server、Hyper-V 和 Citrix（思杰）公司的 XenDesktop、XenServer。

1.3 项目实施

1．项目实训环境准备

较高配置计算机，VMware 虚拟机安装软件。

2．项目主要实训步骤

1.4 项目总结与提高

（1）安装虚拟机。

双击 VMware Workstation 虚拟机安装程序，如图 1-1 所示界面；然后单击"Next"按钮，进入下一步，在这里可以单击"Change"按钮，自定义 VMware 虚拟机的安装目录，如图 1-2 所示。

例如安装在 D 盘，然后依次单击"OK"→"Next"→"Next"按钮，如图 1-3 所示。下一个选项是询问是否要 VMware 开机自动启动，默认是 Disable（不允许），可以让它自动启动，根据实际需要进行选择。然后单击"Install"按钮开始安装，如图 1-4 所示。

等待一段时间，虚拟机程序安装完毕。然后出现一个需要注册的对话框，如图 1-5 所示，输入相应程序序列号即可。单击"Enter"按钮，完成安装，如图 1-6 所示。

项目一　VMware 虚拟机安装与配置

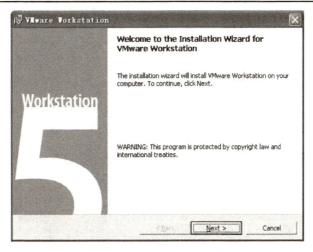

图 1-1　VMware 安装界面

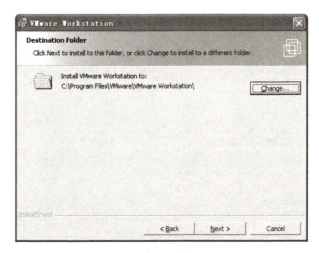

图 1-2　自定义安装目录

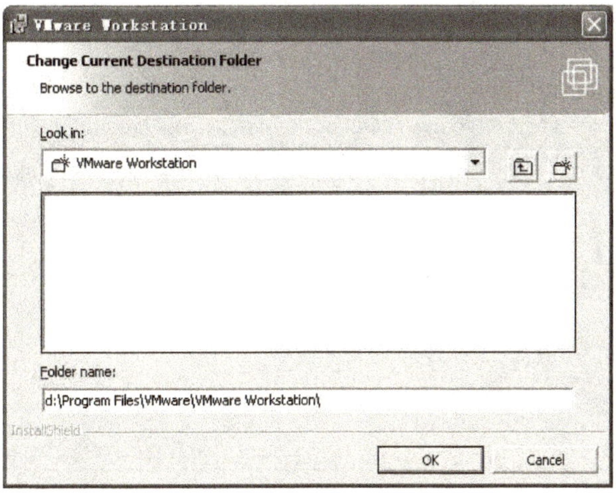

图 1-3　选择安装路径

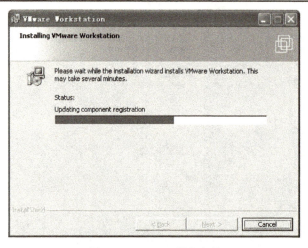

图 1-4　VMware 程序安装

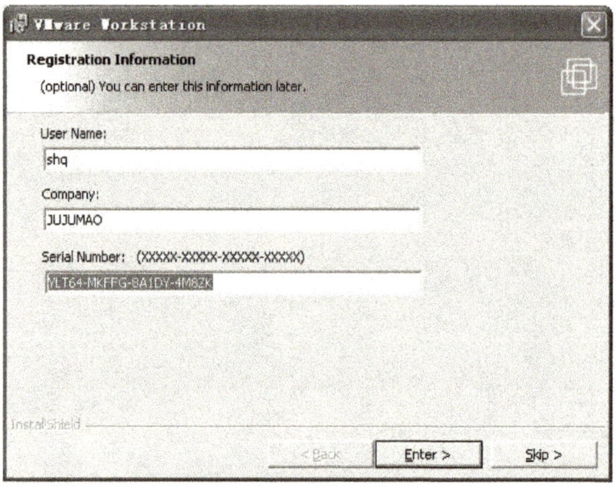

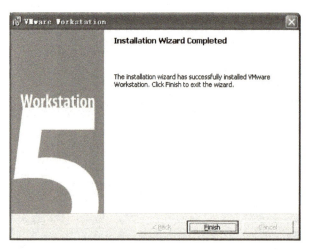

图 1-5　安装程序注册

图 1-6　完成虚拟机安装

（2）VMware 虚拟机建立。

运行 VMware，新建虚拟机，在起始页面板中新建（或"文件"→"新建"）选择"典型"即可，然后根据你的需要选择操作系统，其操作过程如图 1-7～图 1-10 所示。

图 1-7 VMware 程序界面

图 1-8 安装虚拟机向导

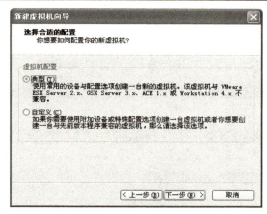

图1-9 虚拟机配置

图1-10 选择虚拟系统

接下来要选择存储位置,最好选择在C盘以外的存储空间,如图1-11所示。单击"下一步"按钮,选择"使用桥接网络",如图1-12所示。单击"下一步"按钮,进入虚拟机的分配空间。

图1-11 设置虚拟机名称位置

这里设置的空间根据你自己的硬盘剩余空间和虚拟机的需要进行配置,如图1-13所示。分配完空间以后单击"完成"按钮。然后对虚拟机进行设置,如图1-14所示。

项目一 VMware 虚拟机安装与配置

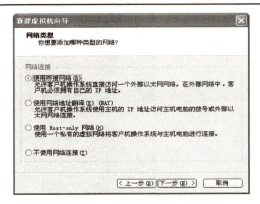

图 1-12 选择虚拟机网络连接

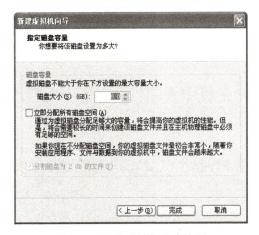

图 1-13 指定虚拟机磁盘容量

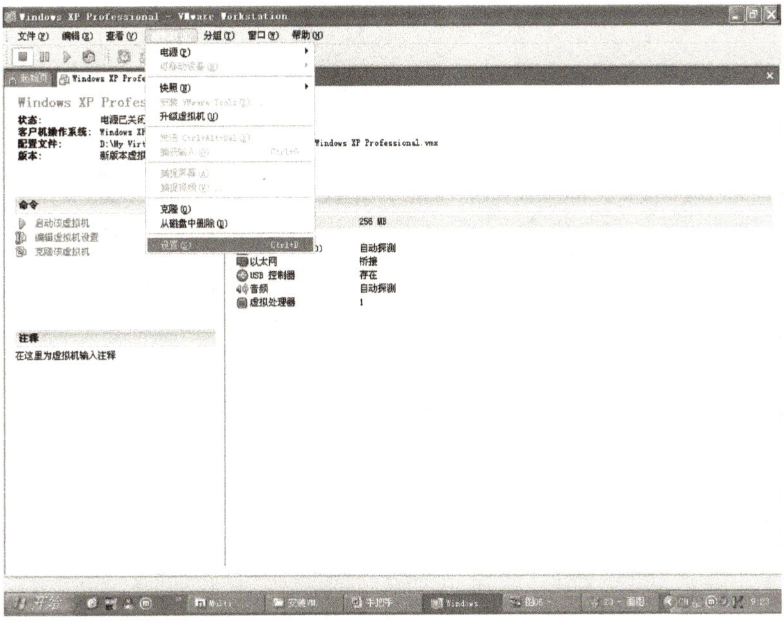

图 1-14 虚拟机界面

设置内存大小，如图 1-15 所示。设置光盘启动路径，如果需要使用物理光驱进行驱动，就选择"使用物理驱动器"，如果硬盘里有 ISO 镜像安装光盘，就选择"使用 ISO 镜像"，如图 1-16 所示。

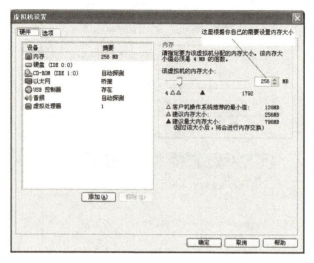

图 1-15　虚拟机内存设置

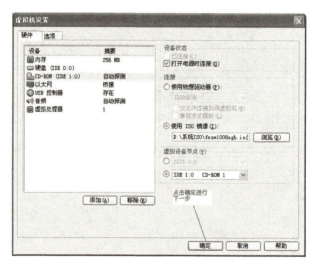

图 1-16　虚拟机光驱设置

1.5　项目总结与提高

（1）写出主要实训步骤。

（2）写出实训所得结论。

项目二 Windows Server 2003 系统安装

2.1 项目提出

某公司根据工作需要组建内部网,需要架设一台具有 Web、FTP、DNS、DHCP 等功能的服务器来为公司内员工提供服务,现需要选择一种既安全又易于管理的网络操作系统。公司网络管理员小李选择 Windows Server 2003 系统作为网络操作系统。挑选好硬件服务器,准备着手安装操作系统。

2.2 项目分析

1. 项目实训目的

了解 Windows Server 2003 运行环境和安装过程,掌握 Windows Server 2003 的安装方法及安装时故障的解决。

2. 项目主要应用的技术介绍

操作系统(OS)是计算机系统中负责提供应用程序的运行环境,以及用户操作环境的系统软件,同时也是计算机系统的核心与基石。它的职责包括对硬件的直接监管、对各种计算资源的管理,以及提供诸如作业管理之类的面向应用程序的服务。

网络操作系统是网络用户与计算机网络之间的接口,是计算机网络中管理一台或多台主机的软硬件资源、支持网络通信、提供网络服务的程序集合。

网络操作系统是用于网络管理的核心软件,目前得到广泛应用的网络操作系统有 UNIX、Linux、NetWare、Windows Server 2003/2008 等。

UNIX 操作系统是一个通用的、交互作用的分时系统,最早版本是美国电报电话公司(AT&T)Bell 实验室的 K.Thompson 和 M.Ritchie 共同研制的,目的是为了在贝尔实验室内创造一种进行程序设计研究和开发的良好环境。

Linux 是一种在 PC 上执行的、类似 UNIX 的操作系统。1991 年,芬兰赫尔辛基大学的一位年轻学生 Linus B.Torvalds 发表了第一个 Linux,它是一个完全免费的操作系统,在遵守自由软件联盟协议下,用户可以自由地获取程序及其源代码,并能自由地使用它们,包括修改和复制等。

Windows Server 2003 操作系统是微软在 Windows 2000 Server 基础上于 2003 年 4 月正式推出的新一代网络服务器操作系统,其目的是用于在网络上构建各种网络服务。本书后面的内容主要介绍 Windows Server 2003 的配置与管理。

Windows Server 2003 操作系统版本包括:标准服务器、Web 服务器、企业服务器、数据中心(Data Center)服务器。

Windows Server 2003 操作系统的新特性主要有：新的远程管理工具（远程桌面、远程协助和远程安装服务）、"管理您的服务器"向导、新的 Active Directory 功能和可用性和可靠性的改进。

Windows Server 2003 的安装方式主要有：从 CD-ROM 启动开始全新的安装、在运行 Windows 98/NT/2000/XP 的计算机上安装、从网络进行安装、通过远程安装服务器进行安装、无人值守安装、升级安装。

3．项目主要实训步骤

（1）在 Windows 虚拟机平台中，将光盘项设置为使用 Windows Server 2003 的光盘镜像文件，正确选择 ISO 光盘镜像文件的路径，启动计算机。如图 2-1 和图 2-2 所示。

图 2-1 加载安装所需驱动

图 2-2 加载驱动

（2）按照安装提示，继续进行操作，如图 2-3 所示。

（3）为 Windows Server 2003 选择或创建多个分区，如图 2-4～图 2-7 所示。

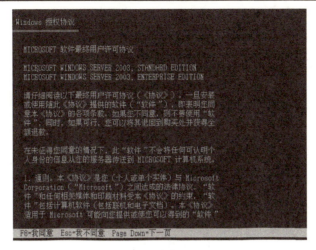

图 2-3　安装协议

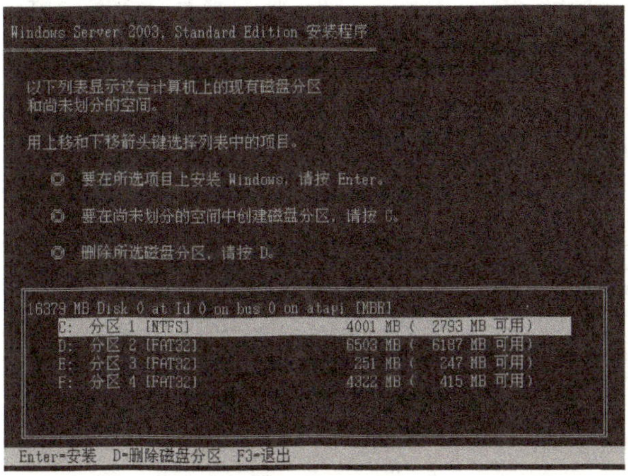

图 2-4　磁盘分区

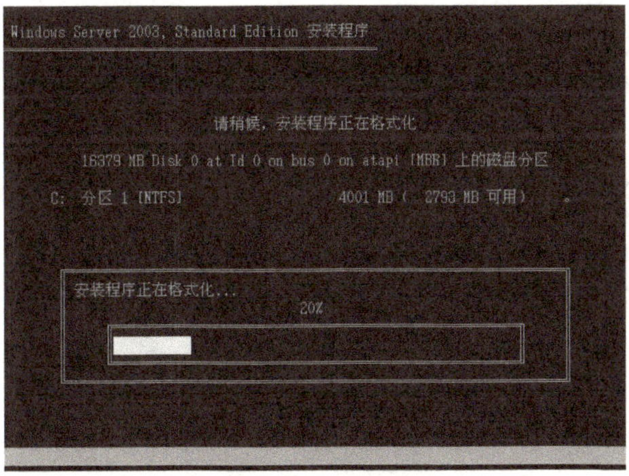

图 2-5　磁盘格式化

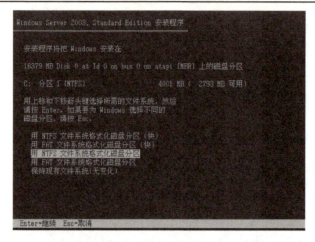

图 2-6 选择文件系统

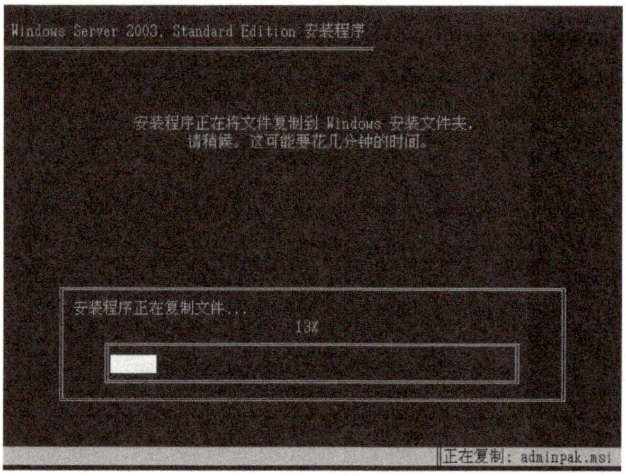

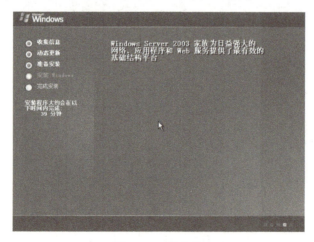

图 2-7 复制安装文件

（4）选择区域设置和个人化软件，如图 2-8 和图 2-9 所示。

图 2-8 开始安装

项目二　Windows Server 2003 系统安装

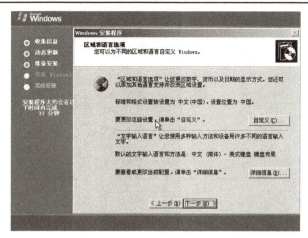

图 2-9　区域设置

（5）输入计算机名称、设置管理员密码及输入安装序列号，如图 2-10 和图 2-11 所示。

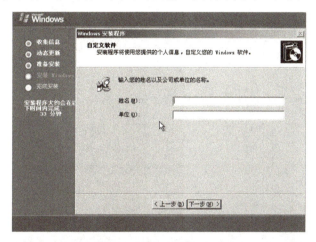

图 2-10　输入计算机名称

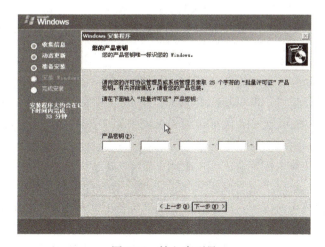

图 2-11　输入序列号

（6）选择授权方式。如图 2-12 和图 2-13 所示。

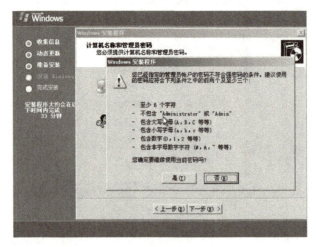

图 2-12　输入密码

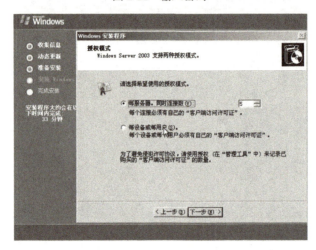

图 2-13　授权模式

（7）设置日期和时间。
（8）设置网络选项。

① 如果允许 Windows Server 2003 安装程序分配或获得 IP 地址，则在"网络设置"对话框中，单击"典型设置"。Windows Server 2003 安装程序将检查域中是否有 DHCP 服务器，若有，则该服务器会提供 IP 地址。如果域内没有 DHCP 服务器，自动专用 IP 地址寻址功能将自动为这台计算机分配一个 IP 地址。

② 如果希望为计算机指定静态 IP 地址及 DNS 和 WINS 的设置则执行以下步骤：在"网络设置"对话框，单击"自定义设置"；在"网络组件"对话框内，单击"Internet 协议（TCP/IP）"；在"Internet 协议（TCP/IP）属性"对话框内，单击"使用下面的 IP 地址"；在"IP"地址和"子网掩码"内，输入适当的数字；在"使用下面的 DNS 服务器地址"下，输入首选的 DNS 服务器地址和备用的 DNS；如果要使用 WINS 服务器，可单击"高级"

按钮,然后单击"高级 TCP/IP 设置"对话框的"WINS"选项卡,添加一个或多个 WINS 服务器的 IP 地址。如果本服务器是 WINS 服务器,则输入为本机分配好的 IP 地址。

(9) 指定工作组名或域名,如图 2-14 所示。

在此用户需要选择本机是属于工作组还是将本机加入到一个域中,并指定工作组名或域名。在安装向导完成 Windows Server 2003 的安装后,计算机会重新启动。至此已经完成了 Windows Server 2003 的基本安装。这时候用户就可以用 Administrator 身份登录。如图 2-15 所示。

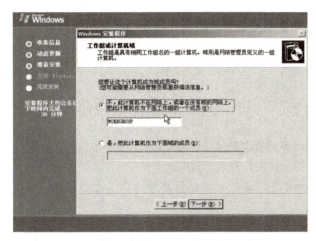

图 2-14　指定工作组名

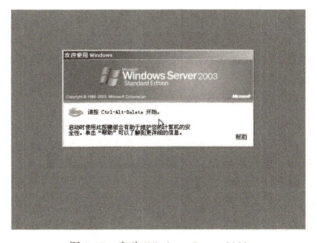

图 2-15　启动 Windows Server 2003

2.3　项目总结与提高

(1) 写出主要实训步骤。
(2) 写出实训所得结论。

项目三　Windows Server 2003 系统基本配置

3.1　项目提出

某公司需要搭建一台服务器。网络管理员小李在服务器安装好了 Windows Server 2003 系统。还需要做哪些工作来优化服务器呢？

3.2　项目分析

1．项目实训目的

- 掌握 Windows Server 2003 的基本配置。
- 学会通过 boot.ini 文件修改启动菜单。
- 掌握"文件夹选项"菜单中常见的设置。

2．项目主要应用的技术介绍

计算机中运行的程序必须经由内存执行，若执行的程序占用内存很多，则会导致内存消耗殆尽。为解决该问题，Windows中运用了虚拟内存（Virtual Memory）技术，即匀出一部分硬盘空间来充当内存使用。当内存耗尽时，计算机就会自动调用硬盘空间来充当内存，以缓解物理内存不足的问题。若计算机运行程序或操作所需的随机存储器（RAM）不足时，则 Windows 会用虚拟存储器进行补偿。它将计算机的RAM和硬盘上的临时空间进行组合。当 RAM 运行速率缓慢时，它便将数据从 RAM 移动到称为"分页文件"的空间中。将数据移入分页文件可释放 RAM，以便完成工作。

一般而言，计算机的内存容量越大，程序运行得越快。若计算机的运行速率由于内存可用空间匮乏而减缓，则可尝试通过增加虚拟内存来进行补偿。但是，计算机从内存读取数据的速率要远比从硬盘读取数据的速率快，因而解决内存容量不足的最佳选择依然是购买内存条扩充物理内容。

虚拟内存是 Windows 为作为内存使用的一部分硬盘空间。即便物理内存很大，虚拟内存也是必不可少的。虚拟内存在硬盘上其实就是为一个非常大的文件，文件名是 PageFile.Sys，默认位于系统磁盘根目录上。通常状态下是看不到的。必须关闭资源管理器对系统文件的保护功能才能看到这个文件。虚拟内存有时候也被称为是"页面文件"。

虚拟内存大小多少合适呢？对于初级用户一般都指定为物理内存的 1～2 倍。对于操作经验丰富的专业人员来说，严格按照 1～2 倍的倍数关系来设置并不科学，因此可以根据系统的实际应用情况进行设置。在这过程中需要用到 Windows 2000/XP Pro/2003 等系统的自带的性能监视器。

项目三　Windows Server 2003 系统基本配置

在设置虚拟内存的时候还需要注意，如果服务器中超过一块硬盘，那么最好能把分页文件设置在没有安装操作系统或应用程序的硬盘上，或者所有硬盘中速率最快的硬盘上。这样在系统繁忙的时候才不会产生同一个硬盘既忙于读取应用程序的数据又同时进行分页操作的情况。相反，如果应用程序和分页文件在不同的硬盘上，这样才能最大程度地降低硬盘利用率，同时提高效率。当然，如果你只有一个硬盘，那么把页面文件设置在其他分区，也不会有提高磁盘效率的效果。

允许设置的虚拟内存最小值为 2MB，最大值不能超过当前硬盘的剩余空间值，同时也要注意操作系统位数问题，例如不能超过 32 位操作系统的内存寻址范围 4GB。

Boot.ini 文件来确定计算机在重启（引导）过程中显示的可供选取的操作系统类别。Boot.ini 在默认状态下被设定为隐含和系统文件属性，并且被标识为只读文件。Boot.ini 在已经安装了 Windows NT/2000/XP 的操作系统的所在分区，一般默认为 C：\下面存在。

当我们在电脑中安装了多系统（如 Windows 98 和 Windows XP）之后，每次启动计算机时都会出现一个系统引导菜单，在此选择需要进入的系统后回车即可。这个引导程序名为 Boot.ini，在安装 Windows 2000（XP）时程序自动被安装，使用它我们可以轻松地对计算机中的多系统进行引导，还可以通过该引导文件，设置个性化的启动菜单。

通常，boot.ini 文件包含以下数据：

```
[boot loader]
timeout=30
default=scsi(0)disk(0)rdisk(0)partition(1)\winnt
[operating systems]
scsi(0)disk(0)rdisk(0)partition(1)\winnt = "Windows NT" /NODEBUG C：\ = "Previous Operating System on C：\"
```

这个文件分为引导加载部分（boot loader）和操作系统部分（operatingsystems）两大块。在引导加载部分，timeout=××表示等待用户选择操作系统的时间，默认是 30 秒；default=×××××表示默认情况下系统默认要加载的操作系统路径，表现为启动时等待用户选择的高亮条部分。

"timeout" 指定在选择默认的操作系统之前 Windows 等待的时间。

"default" 指定默认的操作系统。

"scsi(0)" 表示主控制器（通常也是唯一的控制器）负责此设备。如果有两个 SCSI 控制器并且磁盘与第二个控制器相关联，则第二个控制器称为 "scsi(1)"。

"disk(0)" 指要使用的 SCSI 逻辑单元（LUN）。它可以是独立的磁盘，但是大多数 SCSI 设置对每个 SCSI ID 只有一个 LUN。

"rdisk(0)" 指物理磁盘 1。

3.3　项目实施

1. 项目实训环境准备

较高配置的计算机一台；虚拟机 VMware 及 Windows Server 2003 系统。

2. 项目主要实训步骤

(1) 把虚拟内存大小改变为当前主机物理内存的 2 倍。调节计算机视觉效果为最佳性能。

右键单击"我的电脑",选择"属性"→"高级",在性能选项框中选择"设置"→高级,在虚拟内存选项框中选择"更改",输入你想更改的虚拟内存大小即可。如图 3-1 和图 3-2 所示。

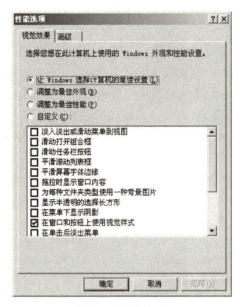

图 3-1 性能选项

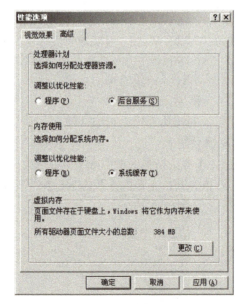

图 3-2 设置虚拟内存

(2) 用户配置文件的使用。

以管理员登录,建立一个用户如 net1,检查 C 盘下文件夹 Documents and Settings 是否有 net1

文件夹。注销后用 net1 登录，进入 Documents and Settings 文件夹，是否有 net1 目录？进入 net1 目录，看到了些什么？说明这就是用户 net1 的用户配置文件。进入桌面，在桌面上新建一个文件夹，再看用户桌面上是否有这个文件夹？在用户桌面上新建一个文件，再回到这个文件夹中，是否能看到？每一个用户都有一个独立的桌面，包括桌面上的我的文档、收藏夹等。另外，打开 Documents and Settings 下面的 administrator 文件夹，结果如何？说明了什么？如图 3-3 所示。

（3）启动项目的设置。

① 右键单击"我的电脑"，选择"属性"→"高级"，在启动和故障恢复选项框中选设置，看一下"默认操作系统是什么"，再单击"编辑"按钮，如图 3-4 所示。弹出一个记事本文件，名为 boot.ini。关闭该文件，请到 C 盘下，把 C 盘下的 boot.ini 文件找到并打开，比较一下与刚才打开的是否一样？

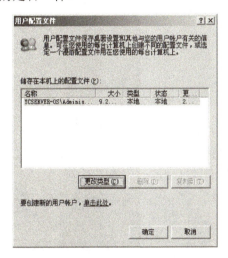

图 3-3 用户配置文件

图 3-4 启动和故障恢复

② 通过 boot.ini 文件，把启动时间设置为 50 秒，改变一个默认的操作系统，如果默认为 windows XP，则更换成 Windows Server 2003；反之，如果启动操作系统默认为 Windows Server 2003 那么就换成 Windows Server 2000。同时把 Windows Server 2003 菜单中加上"网络操作系统课专用"字样。重新启动计算机，出现开始菜单选项时，检查一下等待时间是否为 50 秒，Windows Server 2003 菜单中是否有刚才修改的字？如图 3-5 所示。

图 3-5 boot 启动文件

（4）把系统临时目录改到 E 盘。

在系统属性中的"环境变量"处修改。如图 3-6 所示。

图 3-6 环境变量

（5）设置"文件夹选项"。

① 双击"我的电脑"→"工具"→"文件夹选项"→"在文件夹中显示常见任务"，进入 D 盘，打开一个文件夹，比较与原来有什么不同。如果看不清，再进入"文件夹 选项"，这次选"使用 Windows 传统风格的文件夹"。如图 3-7 所示。

② 比较"浏览文件夹"选项中的"在同一窗口中打开每个文件夹"与"在不同窗口中打开不同文件夹"使用中的不同之处。

③ 比较"打开项目的方式"中的"通过单击打开项目"与"通过双击打开项目"有什么不同？

④ 最后，还原系统的默认值。

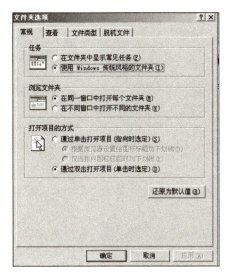

图 3-7 文件夹选项

（6）"查看"属性的设置。

双击"我的电脑"→"工具"→"文件夹选项"→"查看"。

① 如图 3-8 所示，在这里出于安全考虑经常设置的有："隐藏受保护的操作系统文件"、"不显示隐藏的文件和文件夹"以及"隐藏已知文件类型的扩展名"，比较把这几项全都选中和全都不选中时，C 盘下文件的不同之处。

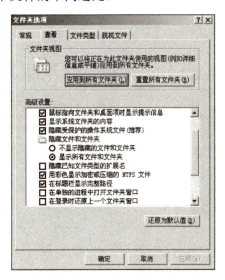

图 3-8 文件夹视图

② 选中"鼠标指向文件夹和桌面项时显示提示信息"，在桌面上新建一个文档，输入

内容。用鼠标右键单击该文件，选择"属性"→"摘要"选项，输入相关信息，然后关闭该对话框。把鼠标放到该文档处，显示什么？把鼠标放到我的电脑处，显示什么？将"鼠标指向文件夹和桌面项时显示提示信息"取消，把鼠标放到该文档处，显示什么？

③ 选中"在标题栏显示完整路径"，打开 C 盘，进入一个文件夹，再进入一个文件夹，看标题栏和地址栏是否显示出完整路径？

④ 选中"在我的电脑中显示控制面板"，进入我的电脑，查看是否有"控制面板"？

⑤ 还原默认值。

3.4 项目总结与提高

（1）写出主要实训步骤。

（2）写出实训所得结论。

项目四 Active Directory 基本配置

4.1 项目提出

某公司扩大规模，员工及计算机增多，网络管理复杂、麻烦，内网经常出现资源共享问题和安全问题。网络管理员小李想到了放弃现有的工作组模式，着手创建域，让公司主机加入域中，这样可以方便管理，提高数据安全性。

4.2 项目分析

1．项目实训目的

- 掌握域的组成方法，包括域控制器的实现、客户机加入到域。
- 掌握域用户、组的使用方法。
- 了解计算机用户在使用中的作用。
- 能够使用活动目录发布共享文件夹，了解发布共享文件夹的好处。
- 掌握组织单位的使用方法。

2．项目主要应用的技术介绍

活动目录是微软 Windows Server 中，负责架构中大型网络环境的集中式目录管理服务（Directory Services），从 Windows 2000 Server 开始内置于 Windows Server 产品中，它处理了在组织中的网络对象，对象可以是用户、组群、计算机、网域控制站、邮件、设置文件、组织单元、树系等网络资源，只要在活动目录结构定义文件（Schema）中定义的对象，就可以存储在活动目录数据文件中，并利用活动目录 Service Interface 来访问，实际上，许多活动目录的管理工具都是利用这个接口来调用并使用活动目录的数据的。

域中常见概念：

名称空间：名称空间是一种命名规则，用来定义网络资源的唯一名称。活动目录本质上就是一个名称空间，包含了很多对象，每个对象都有自己的名字。我们可以把它们的关系形象地理解成是一种解析关系。如：通讯录可以形成一个名称空间，每个人的名字都可以被解析为对应的地址等信息。Windows 的文件系统也可以形成一个名称空间，每个文件名都可以被解析为实际的某个文件。

对象：对象是活动目录中的信息实体。同时也是一组属性的集合。

容器：容器是逻辑上包含其他对象的对象，容器同样也有属性，但容器与对象不同，容器不代表有形的实体，形象地说，容器是其他对象或容器的容器。在 Windows Server 2003 中的活动目录中，可以将组、用户、计算机作为容器来显示。

组织单位：组织单位是容器中的一种，是 Windows Server 2003 中新增的一类对象，可以用来容纳活动目录中的其他对象。OU 中可以包含其他组织单位。所以，我们可以根据需要来扩展容器层次而不需要建立新域。组织单元是可以指派组策略设置或委派管理权限的最小作用单位。使用组织单位可以将网络所需的域数量降到最低，用户可以拥有对域中所有组织单位或对单个组织单位的管理权限，而组织单位的管理员可以不具有域中任何其他组织单位的管理权限。

目录树：目录树是指在名称空间中，由容器和对象构成的层次结构。树的末梢叶子节点是对象，而非叶子节点都是容器。目录树表达了对象的连接方式，也显示了从一个对象到另一个对象的路径。在活动目录中，目录树是基本的结构。

组：组是可以包含用户、计算机和其他组的活动目录对象，Windows Server 2003 可以通过组来管理用户和计算机对网络共享资源的访问，还可以通过组来为用户和计算机指派统一的配额设置。组与组织单位的不同之处是组织单位只是一个逻辑上的容器，用于在单个域中创建对象集，但不能授予成员身份；组是用来管理其所包含的对象，组中的对象拥有该组定义的所有权限。

域：域是网络对象（用户、组、计算机等）的分组，域中所有的对象都存储在活动目录中，活动目录由一个或多个域组成。域是有安全边界的，即安全策略和访问控制设置等都不能跨越不同的域，每个域的管理员都有权设置属于该域的策略。

域树：是由多个域组成的，这些域共享公共的架构、配置和全局编录能力，形成一个连续的名称空间，域树中的域通过相互信任连接起来。活动目录中可以包含一个或多个域树。也可以从名称空间解释域树的结构关系，域树中最顶端的域称为根域，其下方的是根域中的子域。直接在一个域上层的域称为子域的父域。这样域树中的域根据子域和父域形成层次结构命名。其中各自的命名关系如下：根域为：lfjz.cn；直接下层子域：jsj.lfzj.cn；再下一层：net.jsj.lfzj.cn。在域树中的任何两个域之间都是双向可传递的信任关系。

域林：由一个或多个域树组成林，同一个林中的域也可以共享相同类的架构、站点和复制以及全局编录能力，但林中的域树之间并不形成连续的名称空间。在新林中创建的第一个域是该林的根域，林范围的管理组都位于该域，为了方便管理，新创建的域最好都位于林根域或子域。

站点：活动目录中的站点代表网络的物理结构。活动目录使用拓扑信息（在目录中存储为站点和站点链接对象）来建立最有效的复制拓扑。可以在 Windows Server 2003 域控制器上，使用活动目录站点和服务定义站点和站点链接。站点和域不同，站点代表网络的物理结构，而域代表网络组织的逻辑结构。

全局编录：应用程序和客户能够通过全局编录数据库，定位林内的任意对象。全局编录位于林内的一个或多个域控制器上，它包含林内所有域目录分区的部分副本，而这些部分副本是林内每一个对象的副本，通常这些部分副本是搜索操作中最常用的属性和定位对象的完全副本所需要的属性。

域控制器：存放有活动目录数据库的计算机，简称 DC。

活动目录的物理结构与逻辑结构有很大不同，它们是彼此独立的两个概念。逻辑结构侧重于网络资源的管理，而物理结构则侧重于网络的配置和优化。活动目录的物理结构，主要着眼于活动目录信息的复制和用户登录网络时的性能优化。物理结构的两个重要概念是站点和域控制器。

域与工作组有什么不同呢？工作组是一群计算机的集合，它仅仅是一个逻辑的集合，各自计算机还是各自管理的，如果要访问其中的计算机，还是要到被访问计算机上来实现用户验证的。而域不同，域是一个有安全边界的计算机集合，在同一个域中的计算机彼此之间已经建立了信任关系，在域内访问其他机器，不再需要被访问机器的许可了。

活动目录与 DNS 结合使用的联系区别：

联系是：① 活动目录和 DNS 域使用一样的层次结构。虽然功能目的不同，但是有着一样的结构。

② DNS 区域可以存储在活动目录中。

③ 活动目录客户使用 DNS 定位域控制器。

区别在于：① 存储对象不同 DNS 存储区域和资源记录。活动目录存储域和域中的对象。

② 解析所用的数据库不同。DNS 是名称解析服务，通过 DNS 服务器接受请求、查询 DNS 数据库把域名或者计算机解析为 IP 地址。DNS 不需要活动目录就可以起作用。活动目录是一种目录服务。通过域控制器接收请求、查询活动目录数据库，来把域对象名称解析为对象记录。用户为了定位活动目录数据库，需要借助于 DNS，也就是说活动目录把 DNS 作为定位服务，把活动目录服务器解析为 IP 地址，活动目录不能没有 DNS 的帮助。

4.3 项目实施

1. 项目实训环境准备

较高配置计算机，VMware 虚拟机软件及 Windows Server 2003 系统。

2. 项目主要实训步骤

（1）AD 的安装。

① 利用配置服务器启动位于%System root%\System32 中的 Active Directory 安装向导程序 DCPromo.exe。单击"下一步"按钮。如图 4-1 和图 4-2 所示。

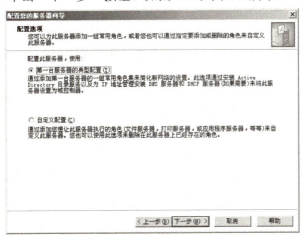

图 4-1　配置选项

② 由于所建立的是域中的第一台域控制器，所以选择"新域的域控制器"单击"下一步"按钮。如图 4-3 所示。

③ 选择"在新林中的域（Active Directory）"单选按钮，单击"下一步"按钮。如图 4-4 所示。

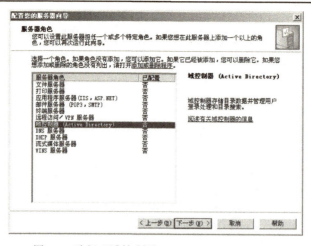

图 4-2　选择"域控制器（Active Directory）"

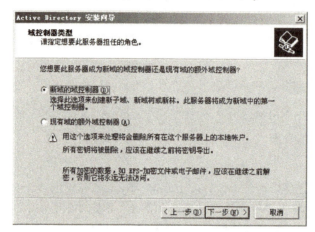

图 4-3　选择"新域的域控制器"

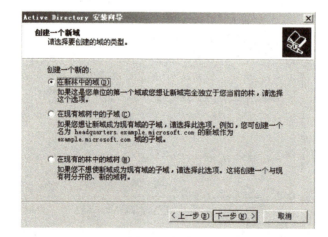

图 4-4　创建域

④ 选择"创建一个新域的域目录林"，单击"下一步"按钮。

⑤ 在"新域 DNS 全名"中输入要创建的域名 lfzj.cn，单击"下一步"按钮。如图 4-5 所示。

项目四　Active Directory 基本配置　　　　　　　　　　　　　　　　　　　27

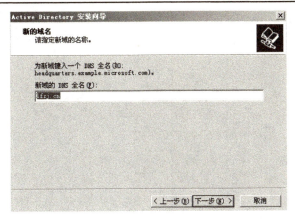

图 4-5　输入域名

⑥ 安装向导自动将域名控制器的 NetBIOS 名设置为 "LFZJ"（默认），单击"下一步"按钮。如图 4-6 所示。

⑦ 显示数据库、目录文件及 SYSVOL 文件的保存位置，一般不必做修改，单击"下一步"按钮。如图 4-7 和图 4-8 所示。

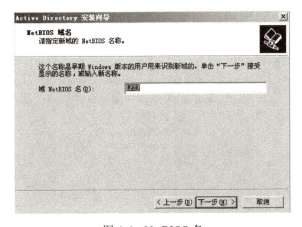

图 4-6　NetBIOS 名

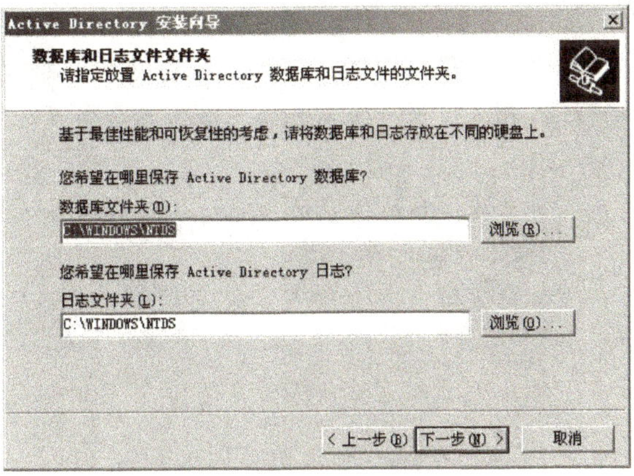

图 4-7　设置文件夹位置

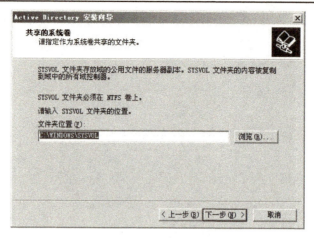

图 4-8 共享系统卷

⑧ 配置 DNS 服务器,单击"下一步"按钮;如果在安装 Active Directory 之前未配置 DNS 服务器,可以在此让安装向导配置 DNS,推荐使用这种方法。如图 4-9 和图 4-10 所示。

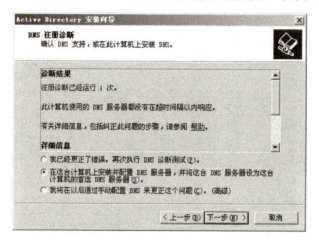

图 4-9 DNS 注册诊断

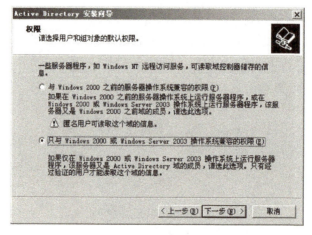

图 4-10 权限

⑨ 为用户和组选择默认权限，单击"下一步"按钮。
⑩ 输入以目录还原模式下的管理员密码，单击"下一步"按钮。如图 4-11 和图 4-12 所示。
⑪ 安装向导显示摘要信息，单击"下一步"按钮。
⑫ 安装完成，重新启动计算机。如图 4-13 所示。

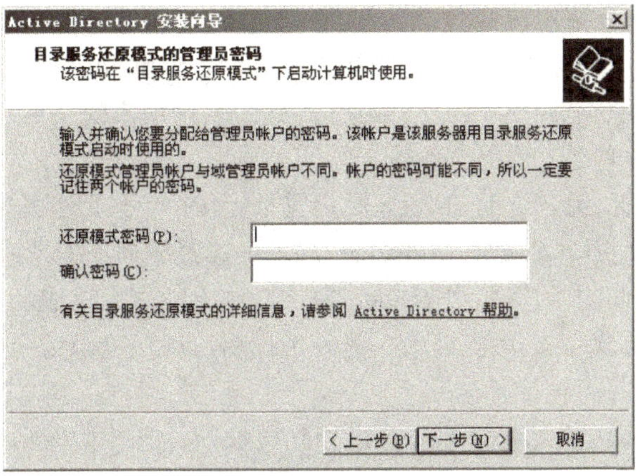

图 4-11 还原模式密码

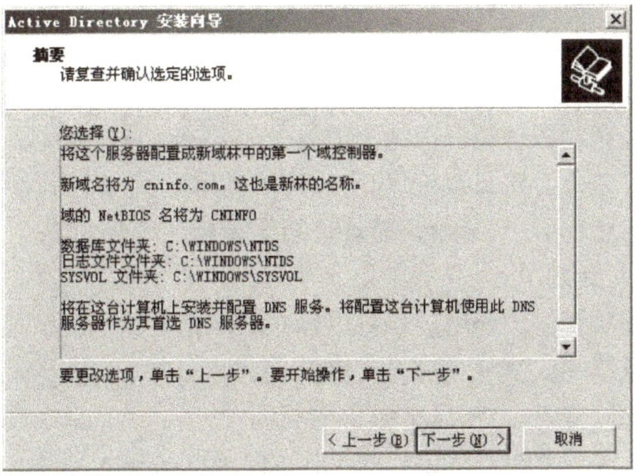

图 4-12 摘要信息

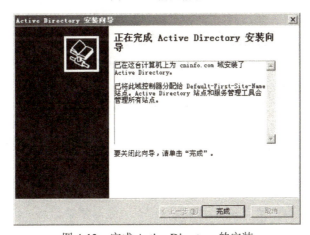

图 4-13 完成 Active Directory 的安装

(2) 组成域。

选 3 台计算机,其中 1 台安装活动目录,构成域控制器,另外 2 台作为客户机,加入到该域中。

(3) 域用户的建立和登录。

① 在服务器上建立域用户。

通过管理员登录,进入活动目录用户和计算机,右键单击 user 容器,新建用户。输入用户姓:赵、名:国庆、登录名 zhaogq,这里,姓和名是用户的全名,用来标识某个用户,登录 zhaogq 才是网络中真正使用的名称。

② 在客户机上用已经建立的 zhaogq 用户登录到域中,登录时注意要输入用户全名如:zhaogq@lfzj.cn,或者是用户名处输入 zhaogq,选项处选择域而不能选本机。能否登录成功?

③ 在另一台客户机上用该用户 zhaogq 登录,结果能否登录成功?说明只要是域中的计算机,用户在哪台计算机上都能登录,另外也说明,用户可以用同一个名字在多台客户机上登录。

④ 使用用户 zhaogq 在域控制器上登录,结果如何,有什么提示?

⑤ 在服务器上进入管理工具,进入"域控制器安全策略"→"本地策略"→"安全选项"→"本地登录",双击,把用户 zhaogq 添加进去。

⑥ 在服务器上用这个用户登录,结果如何?过 5 分钟,再用这个用户 zhaogq 在服务器上登录,结果如何?

⑦ 在服务器上用管理员登录,拒绝上面这个用户 zhaogq 今天登录(如星期一)。

⑧ 在客户机上用这个用户 zhaogq 登录,有何提示?

⑨ 在服务器上把这个用户 zhaogq 登录时间限制修改过来。

(4) 把域用户加入到组。

① 用管理员登录,新建一个用户:孙星,sunx,把它加入到管理员组,用 sunx 在服务器上登录,结果如何?用这个用户身份创建一个新用户:李意,liy,结果是否成功?说明:加入到某个内置组,其权力与这个组权力相同。

② 在服务器上新建一个组 GroupA,把 liy 加入到 GroupA 组中。

(5) 计算机账户的作用。

① 在服务器上,进入活动目录用户和计算机,进入 compuer 中,看到什么?有二台加入到域的客户机的名字,把其中一个计算机停用。

② 在计算机账号停用的计算机上用以前登录成功的 zhaogq 登录,结果如何?用 zhaogq 在另外一台计算机上登录,结果如何?结论:如果域中某个用户出差,为防止别人用这台计算机登录服务器,可以先把该用户的计算机账户停用,等该用户出差回来后,再把计算机账号启用。

③ 把该计算机账号启用,用上面那台客户机登录,结果如何?通过这几个步骤,是否掌握计算机账户的作用?

(6) 复制用户账户。

① 新建用户李小丽,把姓名以及单位、个人、家庭信息都写全。把它加入到 4 个内置组中。

② 复制赵云龙为郭小川，登录名为 guoxch，其他随意，记下哪些信息必须修改，该用户属于哪个组？说明复制用户有哪些好处？

③ 用 guoxch（普通用户）用户登录，查看域中所有用户：双击"网上邻居"→"整个网络"→"目录"，右键单击"域"选择"查找"→"整个用户和组"，可以看到所有用户，双击某一个用户，看是否可以更改该用户信息。再用管理员登录，看是否可以更改该用户信息。

④ 用管理员登录,把 zhaogq 这个用户移动到域下面,把 sunx 这个用户移动到 computer 下面。上面这些移动没有实际意义，只不过让大家学会移动，下面讲组织单元时，移动才有意义。

⑤ 练习删除用户，更改用户口令。

（7）发布共享文件夹。

① 在服务器的 C 盘建立一个文件夹，向里面复制一些文件，作为共享，允许每个人只读访问。

② 进入活动目录用户和计算机，选中域，单击鼠标右键选择"新建"→"共享文件夹"，输入一个名称，该名称为网上邻居中显示出来的名字，可以与 C 盘的共享文件夹同名，也可以不与它同名。下面必须输入正确，即 UNC 路径，\\服务器名\共享文件夹名。

③ 进入活动目录用户和计算机，打开域，可以看到共享文件夹，单击鼠标右键选择"属性"→"关健字"，输入对该共享文件夹对应的"关健字"如，工具软件、tools 等。

④ 在一台客户机上用 zhaogq 登录，双击"网上邻居"→"整个网络"→"查找"→"共享文件夹"，在关键字处输入对应的关键字，结果能否找到刚才共享的文件夹？

⑤ 发布共享文件夹有什么好处？

服务器功能之一是对所有用户提供共享文件服务，这是大多数局域网服务器的主要功能，一台服务器上存放几百个文件很正常，但用户如何找到他们想要的文件就不太容易了，如果使用发布共享文件夹，就可以大大方便用户。这个功能相当于某些软件下载网站提供的站内搜索功能。因此大家要熟练使用。

（8）组织单元的建立（在服务器上实现）。

① 新建 2 个组织单元，自己命名，如办公室，财务科。

② 在"办公室"新建一个用户"小赵"，在"财务科"新建一个用户"小李"。

③ 说明：组织单元是一个公司的各个部门，是某个公司的管理机构，但不能用于给某个文件夹置于一定的权力。为文件夹分配权力只能针对用户和组。

④ 组织单元中刚建的用户什么权力都没有，管理员给分配什么权力才有该权力。

（9）权力的委派。

① 右键单击"办公室"，选择"委派控制"→"添加用户"→"小赵"，把显示的用户和组的权力都给该用户。

② 右键单击"财务科"，选择"委派控制"→"添加用户"→"小李"，只给用户建立权力，组的权力一点都不给。

③ 为了让小赵和小李使用服务器上的活动目录，必须让这 2 个用户有本地登录权，有 2 个办法实现这个目的，一是把这 2 个用户加入到打印组，二是在域控制器策略上把这 2 个用户加入到本地登录用户中，可以把它们加入到打印组。

4.4 项目总结与提高

（1）写出主要实训步骤。
（2）写出实训所得结论。

项目五 Windows Server 2003 磁盘管理

5.1 项目提出

某公司服务器升级，搭建文件服务器，需要提高数据的传输和安全性，还需解决现在个别员工大量占用服务器存储空间的问题。针对以上要求，公司网络管理员小李考虑安装 Windows Server 2003 网络系统后，把服务器磁盘转化为某种动态磁盘，来提高数据读/写速度和安全性，通过社会资配额限制用户占用磁盘存储资源。

5.2 项目分析

1. 项目实训目的

- 掌握磁盘配额的使用方法。
- 掌握磁盘管理的使用方法。
- 学会使用动态磁盘。

2. 项目主要应用的技术介绍

磁盘配额是管理员可以为用户所能使用的磁盘空间进行配额限制，每一用户只能使用最大配额范围内的磁盘空间。设置磁盘配额后，可以对每一个用户的磁盘使用情况进行跟踪和控制，通过监测可以标识出超过配额报警阈值和配额限制的用户，从而采取相应的措施。一般应用于服务器存储上，特别是在域控制器中，Windows Server 2003 是一个多用户操作系统，如果对用户使用的磁盘不加限额，磁盘空间可能会被某些用户很快用完。磁盘限额只能在 NTFS 文件系统上进行设置。

使用磁盘配额需注意：磁盘配额是以文件与文件夹的所有权进行计算的；磁盘配额的计算不考虑文件压缩的因素，以文件的原始大小计算；系统管理员不受磁盘配额的限制；普通用户不能执行设置磁盘配额的操作。

Windows Server 2003 将磁盘存储类型分为两种：基本磁盘和动态磁盘（Basic and dynamic storage）。磁盘系统可以包含任意的存储类型组合，但是同一个物理磁盘上所有卷必须使用同一种存储类型。在基本磁盘上，使用分区来分割磁盘；在动态磁盘上，将存储分为卷而不是分区。

基本磁盘：平常使用的默认磁盘类型，通过分区来管理和应用磁盘空间。基本磁盘是指包含主磁盘分区、扩展磁盘分区或逻辑驱动器的物理磁盘，它是 Windows Server 2003 中默认的磁盘类型。

基本磁盘上的分区和逻辑驱动器称为基本卷，只能在基本磁盘上创建基本卷。对于"主启动记录（MBR）"基本磁盘，最多可以创建四个主磁盘分区，或最多三个主磁盘分区加上一个扩展分区。在扩展分区内，可以创建多个逻辑驱动器。对于 GUID 分区表（GPT）

基本磁盘，最多可创建 128 个主磁盘分区。由于 GPT 磁盘并不限制四个分区，因而不必创建扩展分区或逻辑驱动器。

动态磁盘：可以提供一些基本磁盘不具备的功能。动态卷有五种类型：简单卷、跨区卷、带区卷、镜像卷和 RAID-5 卷。不管动态磁盘使用"主启动记录（MBR）"还是"GUID 分区表（GPT）"分区样式，都可以创建最多 2000 个动态卷，推荐值是 32 个或更少。

简单卷：要求必须建立在同一硬盘上的连续空间中，建立好之后可以扩展到同一磁盘中的其他非连续的空间中。

跨区卷：将来自多个硬盘的空间置于一个卷中，构成跨区卷。

带区卷：将来自多个硬盘的相同空间置于一个卷中，构成带区卷。

镜像卷：可以看作简单卷的复制卷，由一个动态磁盘内的简单卷和另一个动态磁盘内的未指派空间组合而成，或者由两个未指派的可用空间组合而成，然后给予一个逻辑磁盘驱动器号。

RAID-5 卷：是具有容错能力的带区卷。

5.3 项目实施

1．项目实训环境准备

较高配置计算机，VMware 虚拟机软件及 Windows Server 2003 系统。

2．项目主要实训步骤

（1）磁盘配额。

① 验证只有 NTFS 分区才能进行磁盘配额。用管理员登录，检查 C、D、E、F 盘的文件系统，记住哪个为 FAT32，哪个为 NTFS。右键单击一个 FAT32 分区，选择"属性"，看是否有配额项；再右键单击 NTFS 分区，选择"属性"，看是否有配额项，说明什么？如图 5-1 和图 5-2 所示。

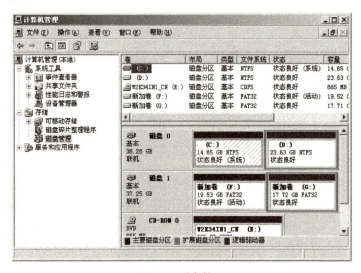

图 5-1　磁盘管理

项目五　Windows Server 2003 磁盘管理

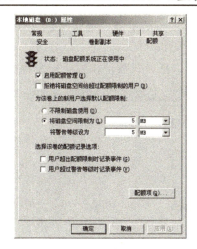

图 5-2　磁盘配额

② 限制所有普通用户对磁盘的使用，新建 5 个用户，work1～work5，选 NTFS 分区的磁盘，如 D 盘，单击鼠标右键，选择"属性"→"配额"，进行下列操作：a. 把"启动配额管理"选中。b. 选中"拒绝将磁盘空间给超过配额限制的用户"。c. 将磁盘空间限制为 50MB。（根据实际情况给用户分配空间）。d. 将警告等级设置为 40MB（该警告是通知管理员的，一般情况下为用户磁盘空间的 80%）。

用 work1 登录，查看 D 盘空间大小，向 D 盘复制文件，看能否超过 50MB。用 work2 登录，查看 D 盘空间大小，把 work1 用户在 D 盘建的文件或文件夹所有权夺取过来，再查看 D 盘空间大小。说明了什么？用管理员登录，把 work2 加入到管理员组，用 work2 登录，查看 D 盘空间大小。说明了什么？用 work3，work4，登录，查看 D 盘大小。说明对于普通用户，都可以进行限制。

③ 单独为某个用户分配空间，用管理员登录，右键单击 D 盘，选择"属性"→"配额"→"配额项"，新建配额项，选中 work3 用户，给磁盘空间大小为 100MB，警告为 80MB（如果出错的话，可能是已经有了配额项，请把该用户原来的配额项删除）。用 work3 登录，查看 D 盘空间大小。

（2）基本磁盘管理的实现，如图 5-3～图 5-6 所示。

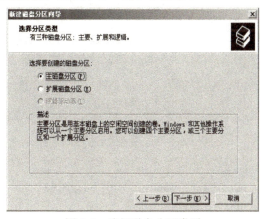

图 5-3　选择磁盘分区类型

① 在磁盘管理中创建分区。右键单击"我的电脑",选择"管理"→"磁盘管理"。右键单击最后一个分区,选择"删除",再创建 2 个分区。

② 更改驱动器名称和路径,把光盘盘符和最后一个硬盘分区的盘符对调。

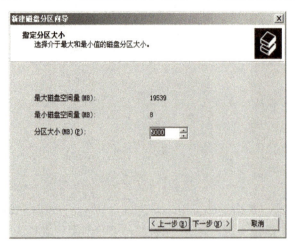

图 5-4 指定分区大小

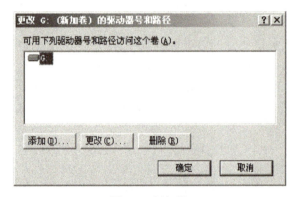

图 5-5 新加卷

图 5-6 更改驱动器号和路径

(3) 动态磁盘管理的实现。

① 将基本磁盘升级为动态磁盘,如图 5-7 和图 5-8 所示。

② 创建简单卷,如图 5-9 和图 5-10 所示。

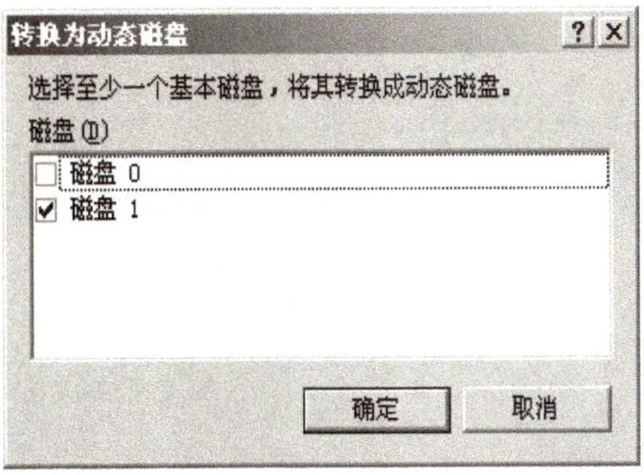

项目五　Windows Server 2003 磁盘管理

图 5-7　转换动态磁盘

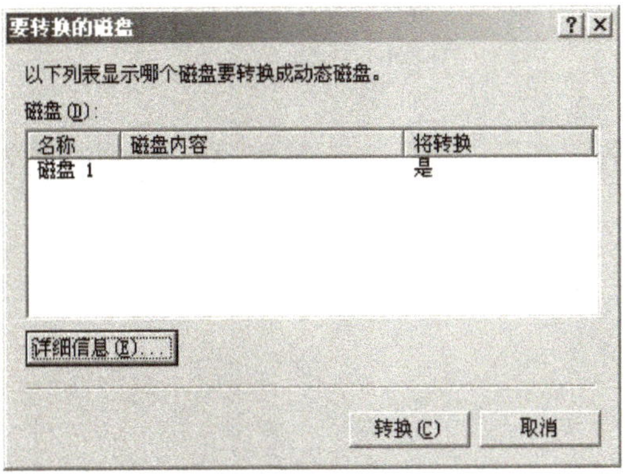

图 5-8　选择转换磁盘

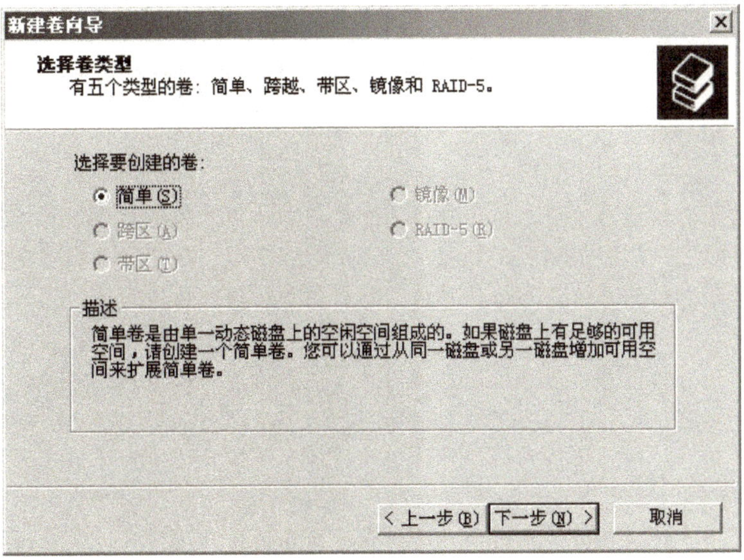

图 5-9　选择创建卷类型

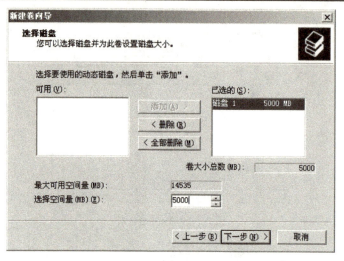

图 5-10　设置磁盘大小

5.4　项目总结与提高

（1）写出主要实训步骤。

（2）写出实训所得结论。

项目六 Windows Server 2003 文件管理

6.1 项目提出

某公司内部员工需要相互获取文件等资源，网络管理员小李考虑使用文件共享的方式解决问题，同时通过文件权限的正确设定，保障重要数据的安全性。

6.2 项目分析

1. 项目实训目的

- 掌握共享文件夹权限的设置方法；
- 掌握共享文件夹的访问方法；
- 能够用注册表默认共享；
- 掌握文件权限的设置方法；
- 掌握文件复制移动权限的变化情况；
- 掌握文件压缩的实现方法。

2. 项目主要应用的技术介绍

文件和文件夹是计算机系统组织数据的集合单位，Windows Server 2003 提供了强大的文件管理功能，其 NTFS 文件系统具有高安全性能，用户可以十分方便地在计算机或网络上处理、使用、组织、共享和保护文件及文件夹。

文件系统则是指文件命名、存储和组织的总体结构，运行 Windows Server 2003 的计算机的磁盘分区可以使用三种类型的文件系统：FAT16、FAT32 和 NTFS。

FAT（File Allocation Table）指的是文件分配表，包括 FAT16 和 FAT32 两种。FAT 文件系统是一种最初用于小型磁盘和简单文件夹结构的简单文件系统，它向后兼容，最大的优点是适用于所有的 Windows 操作系统。另外，FAT 文件系统在容量较小的卷上使用比较好

exFAT（Extended File Allocation Table），又名 FAT64，是一种特别适合于闪存的文件系统，最先从微软的 Windows Embedded CE 6.0 导入这种文件系统，后来再延伸到 Windows Vista Service Pack 1 操作系统中。由于 NTFS 文件系统的一些数据格式规定所限，对快存存储器而言 exFAT 显得更具优势。

NTFS（New Technology File System）是 Windows Server 2003 推荐使用的高性能文件系统，它支持许多新的文件安全、存储和容错功能，而这些功能也正是 FAT 文件系统所缺少的。

NTFS 是从 Windows NT 开始使用的文件系统，它是一个特别为网络和磁盘配额、文件加密等管理安全特性设计的磁盘格式。

NTFS 文件权限的类型

（1）读取：此权限允许用户读取文件内的数据、查看文件的属性、查看文件的所有者、查看文件的权限。

(2) 写入：此权限包括覆盖文件、改变文件的属性、查看文件的所有者、查看文件的权限等。

(3) 读取及运行：此权限除了具有"读取"的所有权限，还具有运行应用程序的权限。

(4) 修改：此权限除了拥有"写入"、"读取及运行"的所有权限外，还能够更改文件内的数据、删除文件、改变文件名等。

(5) 完全控制：拥有所有 NTFS 文件的权限，也就是拥有上面所提到的所有权限，此外，还拥有"修改权限"和"取得所有"权限。

当文件与文件夹的访问许可冲突时，坚持以下三原则：

(1) 权限的累加性：用户对每个资源的有效权限是其所有权限的总和，即权限相加，有的权限加在一起为该用户的权限。

(2) 对资源的拒绝权限会覆盖掉所有其他的权限：例如，当用户对某一个资源的权限被设为拒绝访问时，则用户的最后权限是无法访问该资源，其他的权限不再起作用。

(3) 文件权限会覆盖掉文件夹权限：当用户或组对某个文件夹以及该文件夹下的文件具有不同的访问权限时，用户对文件的最终权限是用户被赋予访问该文件的权限。例如，共享文件夹允许完全控制，而文件允许只读，则该文件为只读。

6.3 项目实施

1. 项目实训环境准备

较高配置计算机，VMware 虚拟机安装软件及 Windows Server 2003 操作系统。

2. 项目主要实训步骤

文件权限练习

(1) 文件继承权的实现，如图 6-1 和图 6-2 所示。

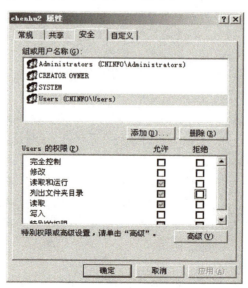

图 6-1　文件属性

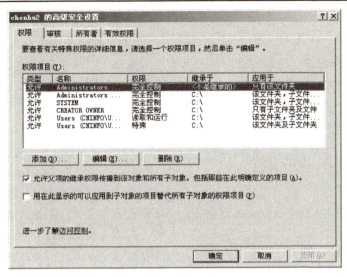

图 6-2 文件权限

在 D 盘建一个文件夹，再在它里面建三个文件夹名为 1、2、3，把 1 继承权取消，根据提示选择"复制"，把 2 继承权取消，选择"删除"，3 不取消继承权，返回上级文件夹，单击鼠标右键，选择"安全"，添加三个用户或组访问，进入该文件夹，单击鼠标右键，选择"属性"→"安全"，看这三个文件夹权限的变化情况，说明了什么？取消继承时"复制"与"删除"有什么区别？

（2）权限叠加性的训证。

新建用户如 work01，work02，work03，再建一个组 Group1，把这三个用户加入到这个组中。在 D 盘建一个文件夹 TESTWORK，取消来自父系的继承关系，添加用户 work01 的读权力，用 work01 登录，打开 TESTWORK 文件夹，建一个新文件夹，能否建立？用管理员登录，修改 TESTWORK 权限，添加组 Group1，给予写权限。用 work01 登录，进入 TESTWORK 文件夹，新建一个文件夹，能否建立？能否改名？用 work02 登录，双击 TESTWORK 文件夹，结果如何？说明什么？用管理员登录，修改 TESTWORK 权限，加入 everyone 组，权限为完全，用 work03 登录，进入 TESTWORK 文件夹，新建一个文件夹，能否改名？

（3）文件权限超过文件夹权限。

以管理员身份登录，在 D 盘建一个文件夹 FF，在 FF 中再建一个文件夹 TESTWORK 和文本文件 readme.txt，返回上级目录 FF，只设 FF 对管理员有读、写权，其他任何用户都无权访问，进入 FF 文件夹，设 work01 对 readme.txt 文件有完全控制权。返回文件夹 FF，右键单击"FF"，选择"共享"，权限处对 everyone 是完全的。用 work01 登录，双击 FF，结果？说明了什么？在运行处输入\\计算机名\ff,结果如何？在运行处输入\\计算机名\ff\readme.txt.，结果如何？修改文件内容后能否存盘？说明文件权限可以超过文件夹权限，一个用户可能对文件夹没有访问权，但可以对该文件夹下的文件进行修改，拥有完全控制权。

（4）下级目录权限可以超过上级（工作中决不允许，这是漏洞）。

以管理员身份登录，在 D 盘上建一个文件夹 TEST1，进入 TEST1，再建文件夹 TEST2，进入 TEST2，再建文件夹 TEST3，返回 D 盘，设置 TEST1 文件夹对 everyone 的读权利。删除其他一切权利，进入 TEST1，设置 TEST2，在原有权限基础上，再设置对 everyone 有写权利。进入 TEST2，设置 TEST3，在原有权限基础上，再设置对 everyone 有修改权。返回 D 盘，进入 TEST1，新建一个文件夹，结果如何？为什么？进入 TEST2，新建一个文件夹，结果如何？修改其名称，结果如何？为什么？进入 TEST3，新建一个文件夹，修改其名称，结果如何？从中可以看出，下级文件夹对用户开放的权限大于上级，这样容易造成管理上的漏洞，工作中一定要注意到这一点。

（5）拒绝权限超过其他权限。

以管理员身份登录，在 D 盘新建一个文件夹 TEMP1，在 TEMP1 中新建文件夹 TEMP2，返回 D 盘，设置 TEMP1 对 everyone 完全控制。添加管理员，拒绝"读"，管理员双击 TEMP1，结果如何？在 D 盘新建一个文本文件，写点内容，把该文本文件移动到 TEMP1 中，结果如何？再设置 TEMP1 权限，把管理员权限由"拒绝读"去掉，改为"拒绝写"，双击 TEMP1，可以进入，为什么？在 TEMP1 中新建一个文件夹，结果如何？为什么？其他拒绝项自己练习。一定注意：不是有拒绝权限就根本不能访问，必须看拒绝的是什么，拒绝什么就一定不能访问什么。拒绝权限高于一切。

（6）复制文件和文件夹权限的变化（默认 D 盘对 everyone 完全访问）。

在 D 盘创建一个文件夹 copy1，copy2，设置 copy1 权限，添加几个用户，每个用户赋予一定的权力，把 copy1 复制到 copy2 中，比较原来 copy1 和 copy2 中的 copy1 的 ACL 有什么不同？说明什么？在 E 盘创建一个文件夹 copy3，把 D 盘下的 copy1 复制到 E 盘下的 copy3 中，比较两个 copy1 的 ACL 有什么不同？说明什么？在 D 盘创建文件夹 copy4，在 copy4 中创建一个文件夹文本文件，写点内容，返回 D 盘，修改该 copy4 权限，只允许管理员访问，权限是列文件和目录，另外 2 个读权限一定取消，管理员进入 copy4 后能否打开该文本文件？把 copy4 复制到 E 盘，结果？说明了什么？另外，把 D 盘 copy1 复制到 copy4 中，结果？说明了什么？自己验证一下，复制到 FAT 分区后，文件权限全部丢失。

（7）移动文件和文件夹权限的变化。

在 D 盘新建文件夹 move1，move2，设置 move1 权限，添加几个用户，每个用户赋予一定的权力，记下 move1 的 ACL，把 move1 移动到 move2 中，再看一下 move1 的 ACL，有没有变化？得出什么结论？把 move1 移动到 C 盘，再看一下 C 盘下的 move1 的 ACL，如何？得出什么结论？在 D 盘创建一个文件夹 move3，在 move3 中创建一个文本文件，写点内容。返回 D 盘，把 move3 设置成对管理员只读，并且把其他权限包括继承来的全部去掉，进入 move3 中，把文本文件移动到 E 盘，结果？把 move3 设置成对管理员修改，进入 move3 中，把文本文件移动到 E 盘？换另一个用户能否访问 E 盘上该文件？

（8）文件的压缩。

在 D 盘新建一个文件夹 ZIP，向其中复制 50MB 的文件，进行压缩后，查看文件大小，占用空间，以及 D 盘已用空间，剩余空间，记下这些数据。进行高级压缩，选压缩文件夹以及下面的子文件夹和文件进行压缩，用特殊颜色显示出来，再查看文件大小，占用空间，以及 D 盘已用空间和剩余空间。把压缩文件复制到 D 盘，颜色有何变化？移动到 D 盘，颜色有何变化？把压缩文件复制到 E 盘，颜色有何变化？移动到 E 盘，颜色有何变化？把 D 盘上普通文件复制到压缩文件夹中，颜色有什么变化？得出什么结论？选择压缩文件夹中一个文件夹，记下其大小，把它复制到 D 盘上，记下其大小，与原因相比较，得出什么结论。实际上其变化与文件权限变化完全相同。

（9）文件所有权的获得。

建一个新用户，用这个用户登录，在 D 盘建一个文件夹，在文件夹中再建一个文本文件，写点内容，返回 D 盘，设置该文件夹只允许这个用户自己访问。用管理员登录，管理员能否打开这个文件夹？

总结：这节实训特别重要，我们要保证服务器的安全性，首先就必须对服务器上的文件进行正确的设置，如果设置不当，就出现漏洞，用户可以随便进入你的服务器。

共享文件夹练习

（1）计算机 IP 地址，DNS，网关，子网掩码。

其中 IP 地址为 192.168.0.计算机标号，DNS，网关与 IP 相同，子网掩码为 C 类。

"Internet 协议（TCP/IP）属性"对话框如图 6-3 所示。

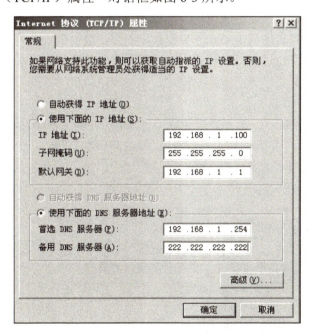

图 6-3 "Internet 协议（TCP/IP）属性"对话框

（2）训证普通用户能否做文件共享。

用管理员登录，新建一个普通用户 share01，口令为空（即没有口令），用 share01 登录，新建一个文件夹 f_share1。看菜单中是否有"共享"。说明了什么？用管理员登录，把用户 share01 加入到管理员组（Administrators），再用 share01 登录，把上次创建的文件夹 f_share1 进行共享，结果是否成功？说明了什么。默认共享名是什么？是否可修改？

（3）训证共享权限的名的唯一性。

用 share01 登录，在 C 盘创建一个文件夹 f_share2，并且把它共享，默认共享名是否存在，是什么？在 D 盘创建一个文件夹 f_share2，把它也做共享，默认共享名是否存在？说明了什么？双击网上邻居，看到许多计算机，双击一台计算机，结果如何？用管理员登录，新建一个用户 shore02，必须给它一个口令，用 shore02 登录，双击网上邻居，结果如何？网上邻居中看到的是什么名？能否知道这个共享文件夹在哪个分区上？因此说明共享文件在一台计算机上名称是唯一的。

（4）共享权限只在通过网络访问才起作用，对本地用户访问不起作用。

把 f_share1 文件夹作共享，"共享"权限给 everyone 只读，"安全"处设置 everyone 完全权限，进入这个文件夹，新建一个文件夹能否成功？从另外一台计算机上访问这台计算机，打开 f_share1 文件夹，新建一个文件夹能否成功？说明了什么？返回第一台计算机，把 f_share1 共享权限改为"修改"，再从另外一台计算机上访问 f_share1 文件夹，再新建一个文件夹能否成功？说明了什么。

（5）文件权限。

不管对本地用户还是网络用户都起作用，新建一个文件夹 f_share3，共享权限设 everyone 完全，安全处设置文件权限，everyone 只读，进入 f_share3，新建一个文件夹能否成功？用另一台计算机访问 f_share3 文件夹，能否新建一个文件夹？说明文件权限对任何用户都起作用。另外也说明，从另外一台计算机访问的最终权限取决于文件权限和共享权限较严格的一个。

（6）映射网络驱动器。

右键单击"网上邻居"，选择"映射网络驱动器"，再选择驱动器名称，浏览另外一台计算机（相邻）的一个共享文件夹，完成后，打开我的电脑，查看逻辑盘，是否增加了一个刚刚建立的图标有什么不同。你如果想向这个网络驱动器中写文件，应该怎么办？如图 6-4 所示。

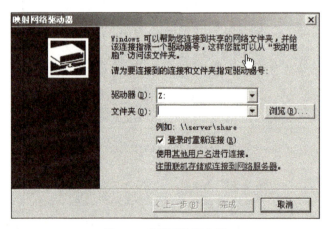

图 6-4 映射网络驱动器

（7）设置文件夹的隐藏共享。

在 D 盘新建一个文件夹，在其中建一个文件，写点内容，进行共享，名称后面加"$"

号,其他项目不能作任何改动,在另外一台计算机上用网上邻居访问这台计算机,是否能找到刚才共享的隐藏文件夹?如果要访问这个隐藏文件夹,应该怎么做?

(8) 用注册表禁止默认共享。

右键"我的电脑"→"管理"→"共享文件夹"→"共享"查看有哪些共享,有哪些隐藏。

① 禁止 C$、D$、E$一类的共享。在"运行"处输入"regedit",依次展[HKEY_LOCAL_MACHINE\SYSTEM\Current- ControlSet\Services\lanmanserver\parameters]分支,将右侧窗口中的 DOWRD 值"AutoShareServer"设置为"0"即可。

② 禁止 ADMIN$共享。在"运行"处输入"regedit",依次展[HKEY_LOCAL_MACHINE\SYSTEM\Current-ControlSet\Services\lanmanserver\parameters]分支,将右侧窗口中的 DOWRD 值"AutoShareWKs"设置为"0"即可。

③ 禁止 IPC$共享。可以在注册表编辑器中依次展开[HKEY_LOCAL_MACHINE\SYSTEM\CurrentControlSet\Control\Lsa]分支,将右侧窗口中的 DOWRD 值"restrictanonymous"设置值为"1"即可。如图 6-5 所示。

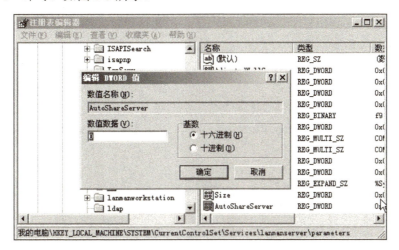

图 6-5 注册表编辑器

(9) 创建分布式文件系统。

在第一台计算机的 D 盘创建一个共享文件夹。例如 tools,进入管理工具中的"分布式文件系统",新建 Dfs 根目录,创建一个独立的 Dfs 根目录,输入或浏览服务器名,使用现存的共享即上面建立的共享文件夹 tools。右键单击 Dfs 根目录,新建 Dfs 链接,输入链接名称,输入另一台计算机(第二台)的 UNC 路径(或使用浏览找到另一台计算机(第二台)的共享文件夹,在这台计算机上也要先共享这个文件夹)。用第三台计算机访问第一台计算机,进入共享文件夹,把文件复制到本机中。结果如何?把第二台计算机关掉,再用第三台计算机访问第一台计算机,结果如何?说明什么?

分布式文件系统如图 6-6 所示。

(10) 删除 Dfs 根目录。

进入分布式文件系统,右键单击 Dfs 根目录,选择删除 Dfs 根目录。

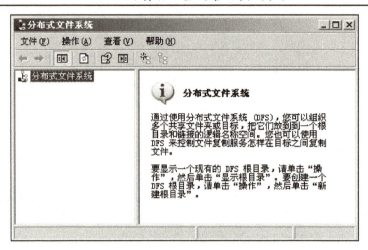

图 6-6　分布式文件系统

6.4　项目总结与提高

（1）写出主要实训步骤。

（2）写出实训所得结论。

项目七 Windows Server 2003 账户组管理

7.1 项目提出

某公司新建服务器，需要对登录服务器员工统一管理。网络管理员在 Windows Server 2003 服务器上建立用户、组等工作。

7.2 项目分析

1．项目实训目的

- 掌握用户和组的建立、使用、删除的方法。
- 能够使用用户密码策略管理计算机

2．项目主要应用的技术介绍

每个用户都需要有一个账户，以便登录到域访问网络资源或登录到某台计算机访问该机上的资源。用户的账户类型有域账户、本地账户和内置账户。

域账户用来登录网络，本地账户用来登录到某台计算机，内置账户用来对计算机进行管理。

组是用户账户的集合，管理员通常通过组来对用户的权限进行设置从而简化了管理。

账户名的命名规则如下：账户名必须唯一，且不分大小写；最多包含 20 个大小写字符和数字，输入时可超过 20 个字符，但只识别前 20 个字符；不能使用保留字字符：" ^ [ ]；；| =，+ * ? <>；可以是字符和数字的组合；不能与组名相同。

为了维护计算机的安全，每个账户必须有密码，设立密码应遵循以下规则：必须为 Administrator 账户分配密码，防止未经授权就使用；明确是管理员还是用户管理密码，最好用户管理自己的密码；密码的长度在 8～128 之间；使用不易猜出的字母组合，例如不要使用自己的名字、生日以及家庭成员的名字等；密码可以使用大小写字母、数字和其他合法的字符。

本地账户：本地账户对应对等网的工作组模式，建立在非域控制器的 Windows Server 2003 独立服务器、成员服务器及 Windows XP 客户端。本地账户只能在本地计算机上登录，无法访问域中其他计算机资源。本地计算机上都有一个管理账户数据的数据库，称为安全账户管理器（SAM，Security Accounts Managers）。SAM 数据库文件路径为系统盘下\Windows\system32\config\SAM。在 SAM 中，每个账户被赋予唯一的安全识别号（SID，Security Identifier），用户要访问本地计算机，都需要经过该机 SAM 中的 SID 验证。本地的验证过程，都由创建本地账户的本地机完成，没有集中的网络管理。

域账户：域账户对应于域模式网络，域账户和密码存储在域控制器上 Active Directory 数据库中，域数据库的路径为域控制器中的系统盘下\Windows\NTDS\NTDS.DIT。因此，域账户和密码被域控制器集中管理。用户可以利用域账户和密码登录域，访问域内资源。域账户建立在 Windows Server 2003 域控制器上，域账户一旦建立，会自动地被复制到同域中的其他域控制器上。复制完成后，域中的所有域控制器都能在用户登录时提供身份验证功能。

内置账户：Windows Server 2003 内置账户与服务器的工作模式无关。当系统安装完毕后，系统会在服务器上自动创建一些内置账户，系统经常使用的内置账户有 Administrator 和 Guest。Administrator（系统管理员）拥有最高的权限，管理着系统和域。系统管理员的默认名字是 Administrator，可以更改系统管理员的名字，但不能删除该账户。该账户无法被禁止，永远不会到期，不受登录时间和只能使用指定计算机登录的限制。Guest（来宾）是为临时访问计算机的用户提供的，该账户自动生成，且不能被删除，可以更改名字。Guest 只有很少的权限，在默认情况下，该账户被禁止使用。例如当希望局域网中的用户都可以登录到自己的计算机，但又不愿意为每一个用户建立一个账户时，就可以启用 Guest。

Windows Server 2003 使用唯一安全标识符 SID 来跟踪组，权限的设置都是通过 SID 进行的，而不是利用组名。更改任何一个组的账户名，并没有更改该组的 SID，这意味着在删除组之后又重新创建该组，不能期望所有权限和特权都与以前相同。新的组将有一个新的安全标识符，旧组的所有权限和特权已经丢失。

根据 Windows Server 2003 服务器的工作组模式和域模式，组分为本地组和域组。

本地组：创建在本地的组账户。可以在 Windows Server 2003/2000/NT 独立服务器或成员服务器、Windows XP、Windows NT Workstation 等非域控制器的计算机上创建本地组。这些组账户的信息被存储在本地安全账户数据库（SAM）内。本地组只能在本地机使用，它有两种类型：用户创建的组和系统内置的组（后面章节将详细介绍内置组）。

域组：该账户创建在 Windows Server 2003 的域控制器上，组账户的信息被存储在 Active Directory 数据库中，这些组能够被使用在整个域中的计算机上。

域组分类方法有很多，根据权限不同，域组可以分为安全组和分布式组。

安全组：被用来设置权限，例如可以设置安全组对某个文件有读取的权限。

分布式组：与权限无关，例如可以将电子邮件发送给分布式组。系统管理员无法设置分布式组的权限。

根据组的作用范围，Windows Server 2003 域组又分为通用组、全局组和本地域组。

7.3 项目实施

1. 项目实训环境准备

较高配置计算机，VMware 虚拟机，Windows Server 2003。

2. 项目主要实训步骤

（1）用户的建立，如图 7-1 和图 7-2 所示。

① 建立一个用户，输入用户名、全名、描述，选择"用户下次启动时须更改密码"。

项目七 Windows Server 2003 账户组管理

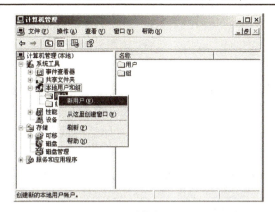

图 7-1 计算机管理界面

图 7-2 新建用户

② 用管理员登录，把上面用户加入到管理员组，重复上题，结果如何？说明什么？

③ 用管理员登录，再建一个新用户，只选"用户不能改变密码"，用该用户登录，有无①中登录时的提示信息？能否登录？

④ 用管理员登录，把系统时间向后延长 2 个月，再用③题所建立的用户登录，结果如何？说明什么？

⑤ 用管理员登录，再新建一个用户，选择"用户不能更改密码"、"密码永不过期"，用该用户能否登录？用管理员登录，修改时间（向后延长 2 个月），再用这个用户登录，说明什么？

⑥ 修改一个用户的密码。

⑦ 清除一个用户的密码。

⑧ 把上面可以登录的一个用户禁用，再用这个用户登录，能否登录？显示什么？

⑨ 删除一个用户，把屏幕提示信息记录下来，说明了什么？

（2）设置用户密码策略。

① 建立安全模板。选择"开始"→"运行"→"mmc"，从窗口的"文件"菜单中选择"添加/删除管理单元"，添加"安全模板"和"安全配置和分析"两个基本管理单元。

② 创建"安全配置和分析"。在控制台窗口中，右击"安全配置和分析"管理单元

点，在弹出的快捷菜单中选择"打开数据库"，在打开的"导入模板"对话框中，选取用于安全配置数据库的模板，例如 securedc.inf，然后单击"打开"按钮，即可完成"安全配置数据库"的创建。

③ 激活安全配置数据库。在控制台右击"安全配置和分析"管理单元节点，在弹出的快捷菜单中选择"立即配置计算机"命令，按照系统提示保存日志文件，单击"确定"按钮后，系统即开始配置计算机安全策略。这时计算机安全性已经根据 securedc.inf 的设置而改变了。如图 7-3 和图 7-4 所示。

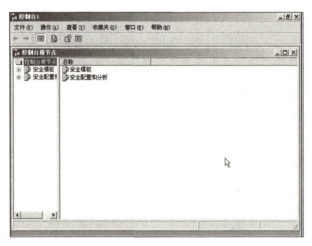

图 7-3　控制台

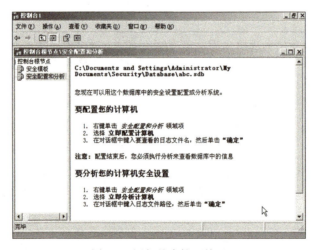

图 7-4　添加基本管理单元

④ 如果想看一下具体设置，或者再进行个性化调整，要进行"立即分析计算机"右击"安全配置和分析"管理单元，在弹出的快捷菜单中选择"立即分析计算机"命令，打开"进行分析"对话框。在对话框中指定要分析的日志文件路径，单击"确定"按钮后系统开始分析系统的安全配置。并显示安全摘要。这时管理员可以针对每个安全选项进行相应的安全配置。

⑤ 像上面实训一样，重新建立一个用户，结果如何？说明了什么？按照提示要求，

密码输入足够长度，默认是 8 位，再符合复杂性要求（字母、数字、符号），能否建立成功？其实这是系统提示的一整套安全方案，密码只不过是其中一项。进入控制台，把密码长度，复杂性要求等去掉。否则由于管理员无口令再进入系统时出错。如图 7-5 所示。

（3）组的建立（图 7-6）

① 新建一个组，用 2 种方法向组中加入用户。

② 一个用户能否属于 2 个组。

③ 为一个组改名。

④ 删除一个组，提示信息是什么。

图 7-5　计算机管理

图 7-6　新建组

7.4　项目总结与提高

（1）写出主要实训步骤。

（2）写出实训所得结论。

项目八 DNS 服务器搭建配置管理

8.1 项目提出

某公司新建内部办公网络，因工作需要域名服务功能。网络管理员小李准备着手搭建一台 DNS 服务器，解决域名解析问题。

8.2 项目分析

1．项目实训目的

- 掌握 DNS 服务的安装/卸载方法；
- 能够独立地配置 DNS 服务器；
- 能够测试 DNS 服务器。

2．项目主要应用的技术介绍

域名系统 DNS（Domain Name System）指在 Internet 中使用的分配名字和地址的机制，域名系统允许用户使用友好的名字，而不是难以记忆的 IP 地址访问 Internet 上的主机。

域名解析就是将用户给出的名字变换成网络地址的方法和过程。当 DNS 客户端提出查询域名请求后，接收查询的 DNS 服务器检索其数据库。若能解析，就将 IP 地址送回给客户；若不能解析，这个任务就转给下一个 DNS 服务器，该过程可能进行多次。

域名空间结构：根域，顶级域，子域。

根域：位于层次结构的最高端是域名树的根，提供根域名服务，以"."来表示。

顶级域：顶级域位于根域之下，数目有限且不能轻易变动。

子域：在 DNS 域名空间中，除了根域和顶级域之外，其他的域都称为子域，子域是有上级域的域，一个域可以有许多子域。

主机：在域名层次结构中，主机可以存在于根以下各层上。

当客户机需要访问 Internet 上某一主机时，需向本地 DNS 服务器查询对方 IP 地址，本地 DNS 服务器如查询不到会继续向另外一台 DNS 服务器查询，直到解析出需要访问主机的 IP 地址，这一过程称为"查询"。

"查询"的模式可分为以下三种。

递归查询（Recursive Query）：客户机向首选 DNS 服务器提交域名解析请求，该 DNS 服务器内若没有所需的数据，则该 DNS 服务器会代替客户机向另一个 DNS 服务器查询，若后者本地也没有查询数据，则继续委托下一个 DNS 服务器查询，以此类推，直到查询到解析记录，逐级返回。这种查询方式称为递归查询。

迭代查询（Iterative Query）：客户机送出查询请求后，首选 DNS 服务器中若不包含所需数据，它继续询问顶级 DNS 服务器，若顶级 DNS 服务器本地未查询到结果，该服务器返回用户 DNS 服务器另外一台 DNS 服务器的 IP 地址，使客户 DNS 服务器自动转向另外一台 DNS 服务器查询，以此类推，直到查到所需数据，否则由最后一台 DNS 服务器通知查询失败。

反向查询（Reverse Query）：客户机利用 IP 地址查询其主机完整域名，即 FQDN。

HOSTS 文件：本机域名解析文件，包含主机名与 IP 地址的对照表。位于%systemroot%\system32\drivers\etc 目录下。可以使用记事本浏览、编辑该文件。HOSTS 文件中的名字不区分大小写，并不是 DNS 数据库文件的一部分。

区域是 DNS 服务器的管辖范围，是由 DNS 名称空间中的单个区域或由具有上下隶属关系的紧密相邻的多个子域组成的一个管理单位。一台 DNS 服务器可以管理一个或多个区域，而一个区域也可以由多台 DNS 服务器来管理在 DNS 服务器中必须先建立区域，然后再根据需要在区域中建立子域以及在区域或子域中添加资源记录，才能完成其解析工作。

DNS 服务器中有两种类型的搜索区域：正向搜索区域和反向搜索区域。

区域类型决定用哪种方法获取并保存区域信息：①主要区域（Primary）；②辅助区域（Secondary）；③Active Directory 集成的区域；④存根区域（Stub）。

主要区域：存放此区域内所有主机数据的正本，其区域文件采用标准 DNS 规格的一般文本文件。当在 DNS 服务器内创建一个主要区域与区域文件后，这个 DNS 服务器就是这个区域的主要名称服务器。

辅助区域：存放区域内所有主机数据的副本，这份数据从其"主要区域"利用区域传送的方式复制过来，区域文件采用标准 DNS 规格的一般文本文件，文件属性为只读不可修改。创建辅助区域的 DNS 服务器为辅助名称服务器。

存根区域：存根区域是一个区域副本，只包含标识该区域的权威域名系统（DNS）服务器所需的资源记录。存根区域用于使父区域的 DNS 服务器知道其子区域的权威 DNS 服务器，从而保持 DNS 名称解析效率。存根区域由起始授权机构（SOA）资源记录、名称服务器（NS）资源记录和粘附 A 资源记录组成。

DNS 数据库还包含其他的资源记录，用户可根据需要自行向主区域或域中添加资源记录。常见的记录类型如下。

（1）起始授权机构 SOA（Start of Authority）：该记录表明 DNS 名称服务器是 DNS 域中的数据表的信息来源，该服务器是主机名的管理者，创建新区域时，自动创建该资源记录，是 DNS 数据库文件中的第一条记录。

（2）名称服务器 NS（Name Server）：为 DNS 域标识 DNS 名称服务器，该资源记录出现在所有 DNS 区域中。创建新区域时，自动创建该资源记录。

（3）主机地址 A（Address）：该资源记录将主机名映射到 DNS 区域中的一个 IP 地址。

（4）指针 PTR（Point）：该资源记录与主机记录配对，可将 IP 地址映射到 DNS 反向区域中的主机名。

（5）邮件交换器资源记录 MX（Mail Exchange）：为 DNS 域名指定了邮件交换服务器。网络中存在 E-mail 服务器时，需要添加一条 MX 记录对应 E-mail 服务器，以便 DNS 能够解析 E-mail 服务器地址。若未设置此记录，E-mail 服务器无法接收邮件。

（6）别名 CNAME（Canonical Name）：仅仅是主机的另一个名字，如常见的 WWW 服务器，是给提供 Web 信息服务的主机起的别名。

8.3 项目实施

1．项目实训环境准备

较高配置计算机，VMware 虚拟机软件及 Windows Server 2003 系统。

2．项目主要实训步骤

（1）DNS 的卸载。

如果你的计算机已经被上组同学安装上了 DNS，你首先必须卸载 DNS 服务器。

进入控制面板，选择"添加/删除程序"→"添加/删除组件"→"网络服务"→"详细信息"，把"DNS"前面"√"去掉，插入 Windows 2000 Server 光盘。

（2）DNS 的安装。

在安装 DNS 服务器之前，查看 TCP/IP 参数配置情况，把 IP 地址，网关，DNS 配置好，这台计算机就是 DNS 服务器了。

① 在 Windows Server 2003 服务器上运行"配置您的服务器向导"，在"服务器角色"窗口中选择"DNS 服务器"选项。如图 8-1 所示

② 单击"下一步"按钮，将开始复制并安装 DNS 组件。如图 8-2 所示。

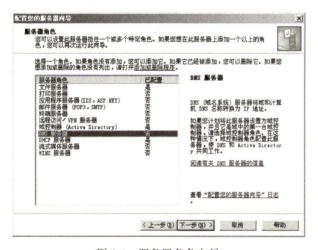

图 8-1　服务器角色向导

③ 在"选择配置操作"窗口，选中"创建正向查找区域（适合小型网络使用）"单选按钮，使该 DNS 服务器只提供正向 DNS 查找。如图 8-3 所示。

④ 在"主服务器位置"窗口，当在网络中安装第一台 DNS 服务器时，选择"这台服务器维护该区域"单选按钮，可以将该 DNS 服务器配置为主 DNS 服务器，如图 8-4 所示。

⑤ 输入正式域名。如图 8-5 所示。

⑥ 在"动态更新"窗口中，选择"不允许动态更新"单选按钮，不接受资源记录的动态更新，以安全的手动方式更新 DNS 记录。如图 8-6 所示。

项目八　DNS 服务器搭建配置管理　　55

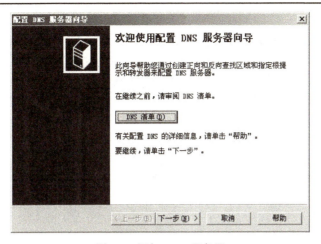

图 8-2　添加 DNS 服务器

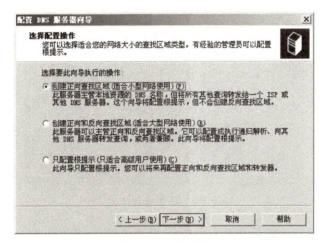

图 8-3　选择区域

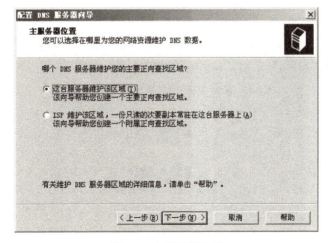

图 8-4　主服务器位置

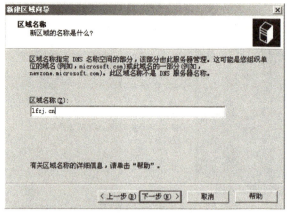

图 8-5　输入域名

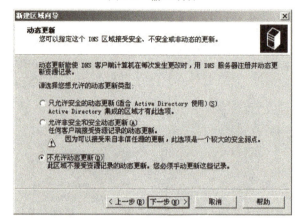

图 8-6　选择动态更新

⑦ 选择"是，应当将查询转发到下列 IP 地址的 DNS 服务器上"单选按钮，并输入网络运营商提供的 DNS 服务器的 IP 地址。

⑧ 单击"下一步"按钮，系统将开始收集已设置的信息，在"正在完成配置 DNS 服务器向导"窗口中单击"完成"按钮。如图 8-7 所示。

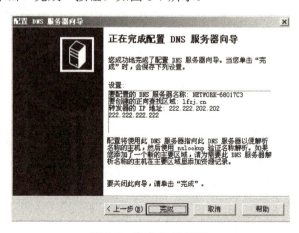

图 8-7　完成 DNS 配置

（3）配置 DNS 服务器。

选择"管理工具"→"DNS"，右键单击服务器名，配置服务器。这是网络上第一个 DNS 服务器，创建正向搜索区域，标准主区域，名称（例如：jsj.com）为公司域名，正常需要购买。创建新文件，创建反向搜索区域，标准主要区域，输入 IP 本机 IP 地址，创建新文件，如图 8-8 所示。

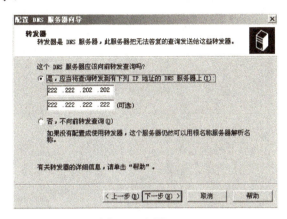

图 8-8　配置 DNS

① 单击"开始"→"管理工具"→"DNS"。展开 DNS 服务器目录树，右击"正向查找区域"项，选择快捷菜单中的"新建区域"选项，显示"新建区域向导"，单击"下一步"按钮，"区域选项"窗口用来选择要创建的区域的类型。如图 8-9 和图 8-10 所示。

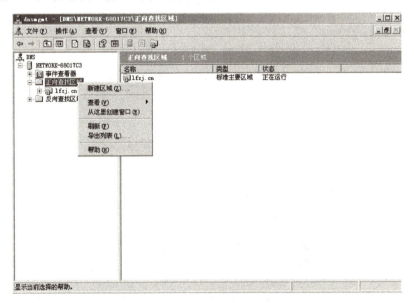

图 8-9　DNS 目录树

② 在"区域名称"文本框中设置要创建的区域名称，如 information。区域名称指定 DNS 名称空间的部分，由此 DNS 服务器管理。接下来的操作与 DNS 服务器安装中的内容相似。如图 8-11 所示。

58　Windows 服务器配置与管理实训教程

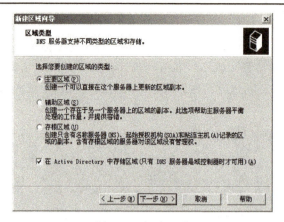

图 8-10　新建区域

图 8-11　添加区域

③ 添加反向搜索区域，打开 DNS 控制台窗口，在左侧目录树中右击"反向查找区域"项，选择快捷菜单中的"新建区域"选项，显示新建区域向导。单击"下一步"按钮，在"区域类型"窗口中选择"主要区域"单选按钮，如图 8-12 所示。

④ 单击"下一步"按钮，在"反向查找区域名称"对话框中输入 IP 地址 192.168.1，同时它会在"反向查找名称"文本框中显示为 1.168.192.in-addr.arpa。如图 8-13 所示。

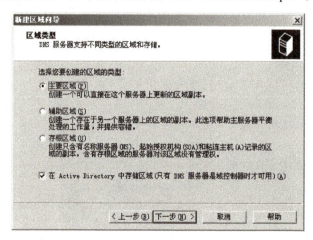

图 8-12　添加区域

⑤ 单击"下一步"按钮，建议选择"不允许动态更新"单选按钮，以减少来自网络的攻击，如图 8-14 所示。

⑥ 继续单击"下一步"按钮，即可完成"新建区域向导"，当反向区域创建完成以后，该反向主要区域就会显示在 DNS 的"反向查找区域"项中，且区域名称显示为"192.168.1.x.subnet"。如图 8-15 所示。

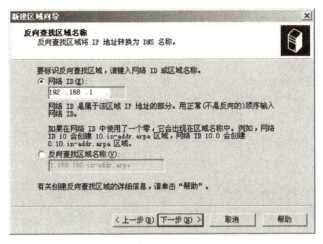

图 8-13　添加反向区域

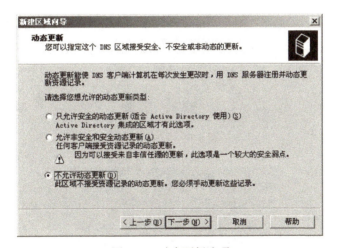

图 8-14　动态更新选项

（4）为正向搜索区域新建主机。如图 8-16 所示。
（5）为反向搜索区域新建指针。如图 8-17 所示。
（6）DNS 服务器的测试
在 DNS 服务器上的运行处输入"cmd"，进入命令提示符。
① 正向测试：nslookup　www.lfzj.cn，下面应该出现相应的 IP 地址。
② 反向测试：nslookup　ip 地址，下面应该出现相应的域名。

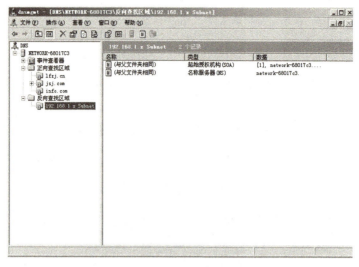

图 8-15 反向区域创建

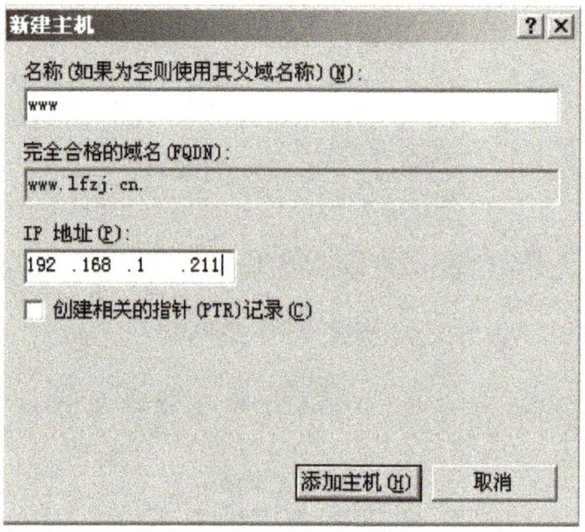

图 8-16 新建主机

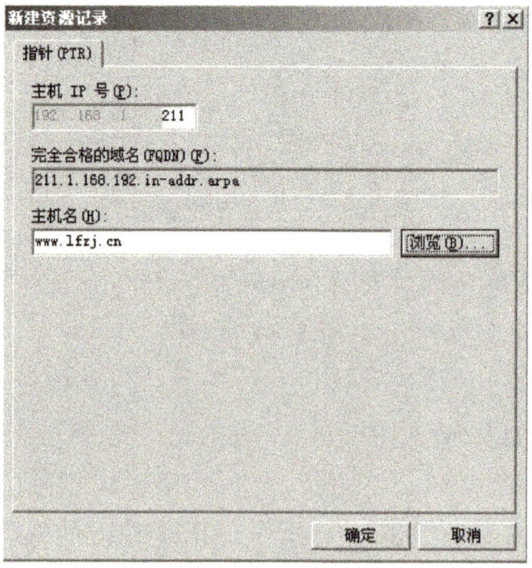

图 8-17 新建指针

（7）DNS 客户端的配置。

在客户机上把 TCP/IP 参数中 DNS 服务器 IP 添加上，为上面 DNS 服务器的 IP 地址。

（8）添加 WWW 主机。

进入 DNS，进入正向搜索区域，右键单击域名，选择"新建主机"，名称处输入：WWW，IP 地址输入本机 IP 地址。

（9）重新测试：nslookup www.jsj.com。

nslookup ip 地址

8.4 项目总结与提高

（1）写出主要实训步骤。

（2）写出实训所得结论。

项目九 DHCP 服务器搭建配置管理

9.1 项目提出

某公司内网客户机管理 IP 地址管理需要采用动态 IP。网络管理员小李着手搭建 DHCP 服务器来为公司主机提供动态 IP 地址服务。

9.2 项目分析

1. 项目实训目的

- 掌握 DHCP 服务器的概念，能够安装并配置 DHCP 服务器。
- 能够配置 DHCP 服务器的客户端并验证 DHCP 服务器。

2. 项目主要应用的技术介绍

DHCP 即动态主机分配协议（Dynamic Host Configuration Protocol）是一个简化主机 IP 地址分配管理的 TCP/IP 标准协议。用户可以利用 DHCP 服务器管理动态的 IP 地址分配及其他相关的环境配置工作。使用 DHCP 可以让用户将 DHCP 服务器中的 IP 地址池中的 IP 地址动态地分配给局域网中的客户机，从而减轻了网络管理员的负担。

需要采用 HDCP 服务器的条件：网络中需要分配 IP 地址的主机很多；网络中主机很多而 IP 地址不够；DHCP 服务使得移动用户可以在不同的子网中移动，并在它们连接到网络时自动获得该网络的 IP 地址。

DHCP 是采用客户端/服务器（Client/Server）模式，有明确的客户端和服务器角色的划分。分配到 IP 地址的计算机被称为 DHCP 客户端（DHCP Client），负责给 DHCP 客户端分配 IP 地址的计算机称为 DHCP 服务器。

DHCP 允许有三种类型的地址分配。

- 自动分配方式：当 DHCP 客户端第一次成功地从 DHCP 服务器端租用到 IP 地址之后，就永远使用这个地址。
- 动态分配方式：当 DHCP 第一次从 HDCP 服务器端租用到 IP 地址之后，并非永久使用该地址，只要租约到期，客户端就得释放这个 IP 地址，以给其他工作站使用。当然，客户端可以比其他主机更优先更新租约，或是租用其他的 IP 地址。
- 手工分配方式：DHCP 客户端的 IP 地址是由网络管理员指定的，DHCP 服务器只是把指定的 IP 地址告诉客户端。

动态地址分配是 DHCP 的最重要和新颖的功能，与 BOOTP 所采用的静态分配地址不同的是，动态 IP 地址的分配不是一对一的映射，服务器事先并不知道客户端的身份。

DHCP 的工作过程：

（1）发现阶段，即 DHCP 客户机寻找 DHCP 服务器的阶段。DHCP 客户机以广播方式

（因为 DHCP 服务器的 IP 地址对于客户机来说是未知的）发送 DHCP discover 发现信息来寻找 DHCP 服务器，即向地址 255.255.255.255 发送特定的广播信息。网络上每一台安装了 TCP/IP 协议的主机都会接收到这种广播信息，但只有 DHCP 服务器才会做出响应。

（2）提供阶段，即 DHCP 服务器提供 IP 地址的阶段。在网络中接收到 DHCP discover 发现信息的 DHCP 服务器都会做出响应，它从尚未出租的 IP 地址中挑选一个分配给 DHCP 客户机，向 DHCP 客户机发送一个包含出租的 IP 地址和其他设置的 DHCP offer 提供信息。

（3）选择阶段：即 DHCP 客户端选择某台 DHCP 服务器提供的 IP 地址的阶段。如果有多台 DHCP 服务器向 DHCP 客户端发来的 DHCP offer 提供信息，则 DHCP 客户端只接受第一个收到的 DHCP offer 提供信息，然后就以广播方式回答一个 DHCP request 请求信息，该信息中包含向它所选定的 DHCP 服务器请求 IP 地址的内容。之所以要以广播方式回答，是为了通知所有的 DHCP 服务器，它将选择某台 DHCP 服务器所提供的 IP 地址。

（4）确认阶段：即 DHCP 服务器确认所提供的 IP 地址的阶段。当 DHCP 服务器收到 DHCP 客户端回答的 DHCP request 请求信息之后，它便向 DHCP 客户端发送一个包含它所提供的 IP 地址和其他设置的 DHCP ack 确认信息，告诉 DHCP 客户端可以使用它所提供的 IP 地址。DHCP 客户端便将其 TCP/IP 协议与网卡绑定，另外，除 DHCP 客户端选中的服务器外，其他的 DHCP 服务器都将收回曾提供的 IP 地址。

（5）重新登录：重新登录网络时，就不需要再发送 DHCP discover 发现信息了，而是直接发送包含前一次所分配的 IP 地址的 DHCP request 请求信息。当 DHCP 服务器收到这一信息后，它会尝试让 DHCP 客户端继续使用原来的 IP 地址，并回答一个 DHCP ack 确认信息。如果此 IP 地址已无法再分配给原来的 DHCP 客户端使用时（比如此 IP 地址已分配给其他 DHCP 客户端使用），则 DHCP 服务器给 DHCP 客户端回答一个 DHCP nack 否认信息。当原来的 DHCP 客户端收到此 DHCP nack 否认信息后，它就必须重新发送 DHCP discover 发现信息来请求新的 IP 地址。

（6）更新租约：CP 服务器向 DHCP 客户端出租的 IP 地址一般都有一个租借期限，期满后 DHCP 服务器便会收回出租的 IP 地址。如果 DHCP 客户端要延长其 IP 租约，则必须更新其 IP 租约。客户端在 50% 租借时间过去以后，每隔一段时间就开始请求 DHCP 服务器更新当前租借，如果 DHCP 服务器应答则租用延期。如果 DHCP 服务器始终没有应答，在有效租借期的 87.5% 时，客户端应该与其他的 DHCP 服务器通信，并请求更新它的配置信息。如果客户端不能和所有的 DHCP 服务器取得联系，租借时间到期后，必须放弃当前的 IP 地址，并重新发送一个 DHCP discover 报文开始上述的 IP 地址获得过程。

作为优秀的 IP 地址管理工具，DHCP 具有以下优点。

（1）提高效率：计算机将自动获得 IP 地址信息并完成配置，减少了由于手工设置而可能出现的错误，并极大地提高了工作效率，降低了劳动强度。利用 TCP/IP 进行通信，光有 IP 地址是不够的，常常还需要网关、WINS、DNS 等设置。DHCP 服务器除了能动态提供 IP 地址外，还能同时提供 WINS、DNS 主机名、域名等附加信息，完善 IP 地址参数的设置。

（2）便于管理：当网络使用的 IP 地址段改变时，只需修改 DHCP 服务器的 IP 地址池即可，而不必逐台修改网络内的所有计算机地址。

（3）节约 IP 地址资源：在 DHCP 系统中，只有当 DHCP 客户端请求时才由 DHCP 服务器提供 IP 地址，而当计算机关机后，又会自动释放该 IP 地址。通常情况下，网络内的计算机并不都是同时开机，因此，较小数量的 IP 地址，也能够满足较多计算机的需求。

从以上的讨论中，可以看到 DHCP 可以提高 IP 地址的利用率，减少 IP 地址的管理工作量，便于移动用户的使用。但要注意的是，由于客户端每次获得的 IP 地址不是固定的（当然现在的 DHCP 已经可以针对某一计算机分配固定的 IP 地址），如果想利用某主机对外提供网络服务（如 Web 服务、DNS 服务）等，动态的 IP 地址是不可行的，这时通常要求采用静态 IP 地址配置方法。此外对于一个只有几台计算机的小型网络，DHCP 服务器则显得有点多余。

9.3 项目实施

1．项目实训环境准备

较高配置计算机，VMware 虚拟机软件及 Windows Server 2003 系统。

2．项目主要实训步骤

（1）DHCP 服务器的安装和卸载。

① 如果在做这个实训之前已经有其他班同学安装了 DHCP 服务，那么本实训的第一步就是卸载 DHCP 服务器。

② 卸载 DHCP 服务时，进入"控制面板"→"添加/删除程序"→"添加删除组件"→"网络服务"→"详细"，把 DHCP 前面的"√"去掉即可。

③ 配置静态 IP 地址，默认网关，DNS（可以为任意值，但实训中这三项都输入相同值，如 192.168.1.30），子网掩码为 C 类。别人如果设置结束，你可以按照自己的想法修改。

④ 安装 DHCP 服务，进入"控制面板"→"添加/删除程序"→"添加删除组件"→"网络服务"→"详细"→选中"DHCP"如图 9-1 和图 9-2 所示。

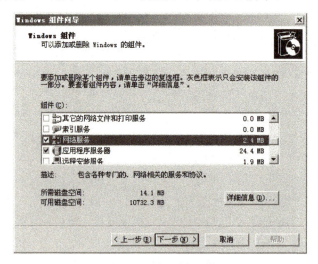

图 9-1 添加删除组件

项目九 DHCP 服务器搭建配置管理

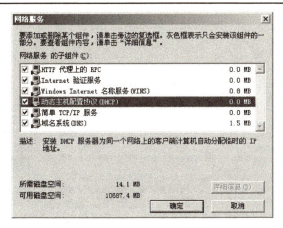

图 9-2 添加 DHCP 组件

⑤ 正常安装结束后，管理工具中就有 DHCP 服务了。

（2）配置 DHCP 服务器。

① 选择"管理工具"→"DHCP"，右键单击控制台树中的服务器名称，选择新建作用域，输入名称，地址池起始地址，终止地址，子网掩码，排除 IP 地址，配置 DHCP 选项，根据实际情况填写。注意，地址池与 DHCP 服务器的 IP 地址在同一个网段，排除地址一定在起始地址和终止地址之间。

② 如果作用域显示红色，一定要激活，正常工作应该为绿色。

③ 选择"开始"→"管理工具"→"DHCP"选项，右击服务器名称"ycserver"，选择"新建作用域"命令，弹出"欢迎使用新建作用域向导"对话框。单击"下一步"按钮，弹出"作用域名"对话框，在"名称"和"描述"文本框中输入相应的信息。如图 9-3 和图 9-4 所示。

图 9-3 DHCP 窗口

④ 单击"下一步"按钮，弹出"IP 地址范围"对话框，在"起始 IP 地址"文本框中输入作用域的起始 IP 地址，在"结束 IP 地址"文本框中输入作用域的结束 IP 地址，在"长

度"微调框中设置子网掩码使用的位数（24 代表子网掩码为 255.255.255.0）；设置长度后，在"子网掩码"文本框中，自动出现该长度对应的子网掩码的设置，单击"下一步"按钮，弹出"添加排除"对话框，在"起始 IP 地址"和"结束 IP 地址"文本框中，输入要排除的 IP 地址或范围，单击"添加"按钮，排除的 IP 地址不会被服务器分配给客户端。如图 9-5 和图 9-6 所示。

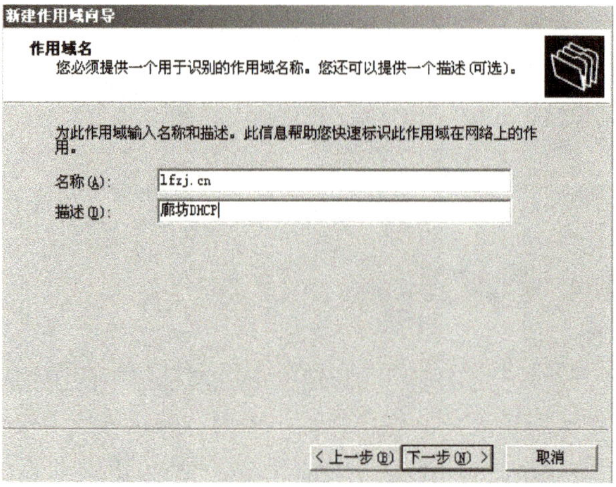

图 9-4 新建作用域

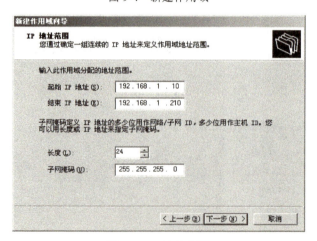

图 9-5 IP 地址范围

⑤ 单击"下一步"按钮，弹出"租约期限"对话框，在"天"、"小时"、"分钟"微调框中设置租约的有效时间。一般而言，对于经常变动的网络，租约期限可以设置短一些，单击"下一步"按钮，弹出"配置 DHCP 选项"对话框，选择"是，我想现在配置这些选项"单选按钮。如图 9-7 和图 9-8 所示。

⑥ 单击"下一步"按钮，弹出"路由器（默认网关）"对话框，如图 9-9 所示。在"IP 地址"文本框中，设置 DHCP 服务器发送给 DHCP 客户端使用的默认网关的 IP 地址，单击"添加"按钮，再单击"下一步"按钮，弹出"域名称和 DNS 服务器"对话框。如图 9-10 所示。如果要为 DHCP 客户端设置 DNS 服务器，可在"父域"文本框中，设置

DNS 解析的域名，在"IP 地址"文本框中，添加 DNS 服务器的 IP 地址，也可以在"服务器名"文本框中，输入服务器的名称后单击"解析"按钮自动查询 IP 地址。

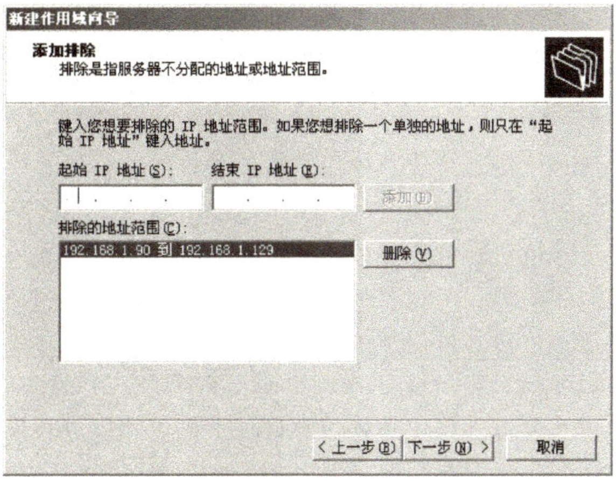

图 9-6 添加排除

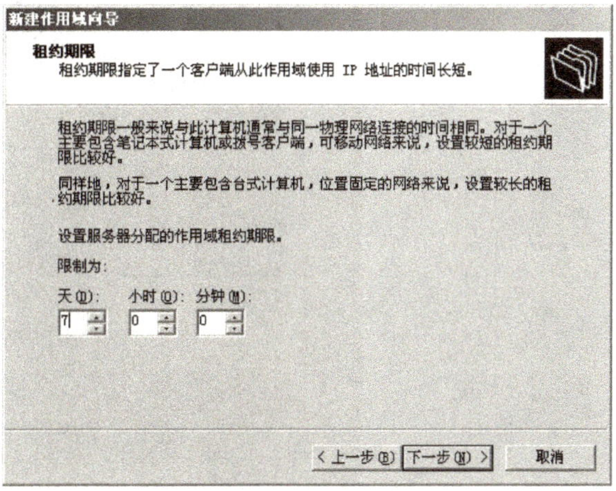

图 9-7 租约期限设置

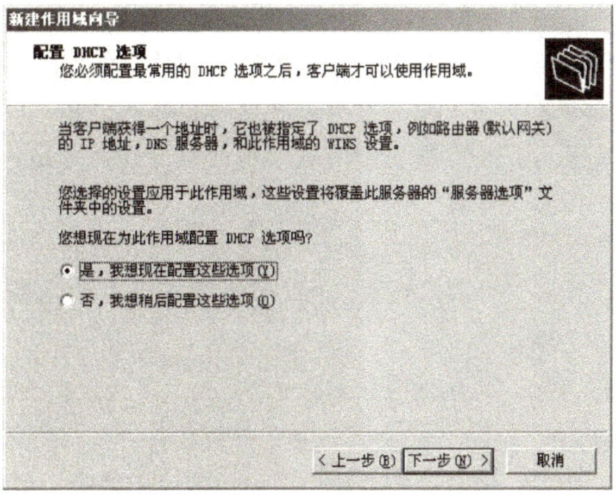

图 9-8 配置 DHCP 选项

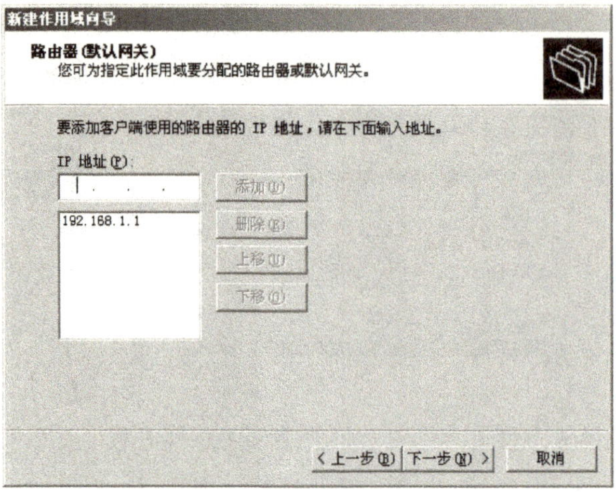

图 9-9　默认网关

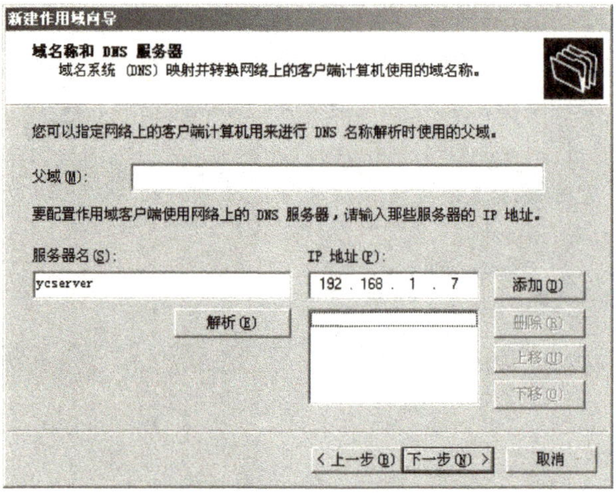

图 9-10　域名称 DNS 服务器

⑦ 单击"下一步"按钮，弹出"WINS 服务器"对话框，如图 9-11 所示。如果要为 DHCP 客户端设置 WINS 服务，可在"IP 地址"文本框中，添加 WINS 服务器的 IP 地址，也可以在"服务器名"文本框中，输入服务器的名称后单击"解析"按钮自动查询 IP 地址，单击"下一步"按钮，弹出"激活作用域"对话框，选择"是，我想现在激活此作用域"单选按钮。如图 9-12 所示。

（3）DHCP 客户端设置。

找一台客户机，修改 IP 地址等参数，如图 9-13 所示，客户端配置结束。

（4）验证 DHCP 服务器。

① 检查 DHCP 客户机的 IP 地址等参数。

在运行处输入"cmd"，在提示符下输入 ipconfig/all。

② 删除当前的 IP 地址：在提示符下输入 ipconfig/release。

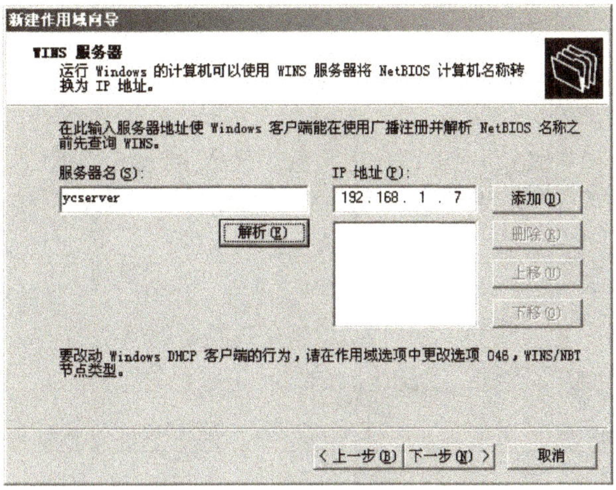

图 9-11 WINS 服务器设置

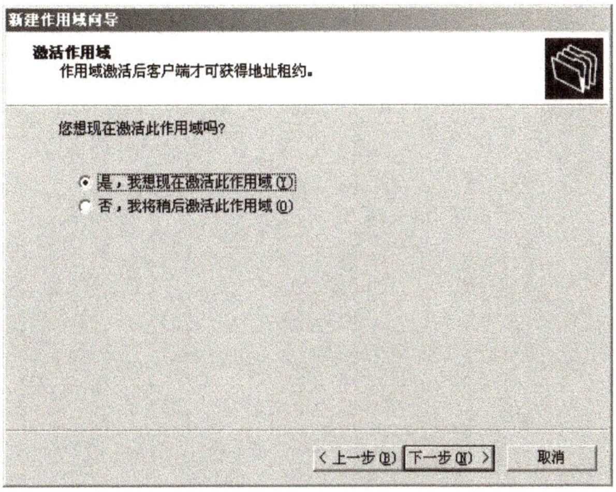

图 9-12 激活作用域

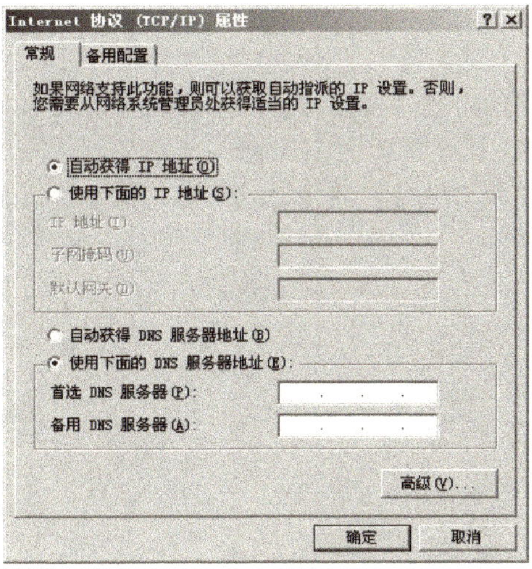

图 9-13 设置 IP 参数

③ 再获取一个新的 IP 地址：在提示符下输入 ipconfig/renew。

④ 检查结果：在提示符下输入 ipconfig/all。

（5）配置保留客户。

① 获取保留客户的 MAC 地址：在提示符下输入 ipconfig/all。

② 打开 DHCP 管理器，打开作用域，新建保留，输入名称，输入将要分配给这台客户机的 IP 地址，输入这台客户机的 MAC 地址。

③ 检查保留的 IP 地址。注意，如果客户机从这台 DHCP 服务器上获取 IP 地址，肯定是为它保留的这个 IP，但实训过程中，机房 DHCP 服务器特别多，这台客户机不一定就从这台机器上获取 IP 地址等参数，这就造成结果不正确。

9.4 项目总结与提高

（1）写出主要实训步骤。

（2）写出实训所得结论。

项目十　Web 与 FTP 服务器搭建配置管理

10.1　项目提出

某公司根据工作需要，需要文件网络存储和共享，还需要建立公司网站。网络管理员小李根据需求，搭建 Web 和 FTP 服务器来解决问题。

10.2　项目分析

1. 项目实训目的

- 掌握 Web 服务器的安装；
- 掌握 Web 服务器的配置；
- 掌握 FTP 服务器的配置。

2. 项目主要应用的技术介绍

微软 Windows Server 2003 家族的 Internet Information Server（IIS，Internet 信息服务）在 Internet、Intranet 或 Extranet 上提供了集成、可靠、可伸缩、安全和可管理的 Web 服务器功能，为动态网络应用程序创建强大的通信平台的工具。

IIS 包括：

WWW 服务（万维网发布服务）

通过将客户端 HTTP 请求，连接到在 IIS 中运行的网站上，万维网发布服务向 IIS 最终用户提供 Web 发布。WWW 服务管理 IIS 核心组件，这些组件处理 HTTP 请求并配置和管理 Web 应用程序。WWW 服务作为 iisw3adm.dll 来运行，并宿主于 svchost.exe 命令中。

FTP 服务（文件传输协议服务）

通过此服务 IIS 提供对管理和处理文件的完全支持。该服务使用传输控制协议（TCP），这就确保了文件传输的完成和数据传输的准确。该版本的 FTP 支持在站点级别上隔离用户，以帮助管理员保护其 Internet 站点的安全，并使之商业化。FTP 服务作为 ftpsvc.dll 来运行，并宿主于 inetinfo.exe 命令中。

SMTP 服务（简单邮件传输协议服务）

通过此服务，IIS 能够发送和接收电子邮件。例如，为确认用户提交表格成功，可以对服务器进行编程以自动发送邮件来响应事件，也可以使用 SMTP 服务以接收来自网站客户反馈的消息。SMTP 不支持完整的电子邮件服务，要提供完整的电子邮件服务，可使用 Microsoft Exchange Server。SMTP 服务作为 smtpsvc.dll 来运行，并宿主于 inetinfo.exe 命令中。

NNTP 服务（网络新闻传输协议）

可以使用此服务主控单个计算机上的 NNTP 本地讨论组。因为该功能完全符合 NNTP

协议，所以用户可以使用任何新闻阅读客户端程序，加入新闻组进行讨论。通过 inetsrv 文件夹中的 Rfeed 脚本，IIS NNTP 服务现在支持新闻流。NNTP 服务不支持复制，要利用新闻流或在多个计算机间复制新闻组，可使用 Microsoft Exchange Server。NNTP 服务作为 nntpsvc.dll 运行，并宿主于 inetinfo.exe 命令中。

主目录是指保存 Web 网站的文件夹，当用户访问该网站时，Web 服务器会自动将该文件夹中的默认网页显示给客户端用户。任何一个网站都需要有主目录作为默认目录，当客户端请求链接时，就会将主目录中的网页等内容显示给用户。

默认的网站主目录是 LocalDrive：\Inetpub\wwwroot（LocalDrive 就是安装 Windows Server 2003 的磁盘驱动器），可以使用 IIS 管理器或通过直接编辑 MetaBase.xml 文件来更改网站的主目录。当用户访问默认网站时，WWW 服务器会自动将其主目录中的默认网页传送给用户的浏览器。但在实际应用中通常不采用该默认文件夹，因为将数据文件和操作系统放在同一磁盘分区中，会失去安全保障和系统安装、恢复不太方便等问题，并且当保存大量音视频文件时，可能造成磁盘或分区的空间不足。所以最好将作为数据文件的 Web 主目录保存在其他硬盘或非系统分区中。

服务器可拥有一个宿主目录和任意数量的其他发布目录，其他发布目录称为虚拟目录。虚拟目录只是一个文件夹，并不真正位于 IIS 宿主文件夹内（LocalDrive：\Inetpub\wwwroot）。但在访问 Web 站点的用户看来，则如同位于 IIS 服务的宿主文件夹一样。

通过分配 TCP 端口、IP 地址和主机头名，可以在一台服务器上建立多个虚拟 Web 网站，每个网站都具有唯一的由端口号、IP 地址和主机头名三部分组成的网站标识，用来接收来自客户端的请求，不同的 Web 网站可以提供不同的 Web 服务，而且每一个虚拟主机和一台独立的主机完全一样。

FTP（File Transfer Protocol）文件传输协议，不仅可以像文件服务一样在局域网中传输文件，还可以在 Internet 中使用，也可以作为专门的下载网站，为网络提供软件及各类文件下载。

常用 FTP 服务包括三个方面应用：软件下载服务、Web 网站更新、不同类型计算机间的文件传输。

10.3 项目实施

1. 项目实训环境准备

较高配置的计算机，VMware 虚拟机软件及 Windows Server 2003 系统。

2. 项目主要实训步骤

（1）WWW、FTP 服务器的实现。

① 选择"开始"→"控制面板"→"更改或删除程序"→"添加/删除 Windows 组件"选项，弹出"Windows 组件向导"对话框。在组件列表中，选中"应用程序服务器"组件。如图 10-1 所示。

② 单击"详细信息"按钮，在弹出的对话框中选中"Internet 信息服务（IIS）"组件。如图 10-2 所示。

③ 单击"详细信息"按钮,在弹出的对话框中选择的子组件包括"Internet 信息服务管理器"、"万维网服务"和"文件传输协议(FTP)服务"。如图 10-3 所示。

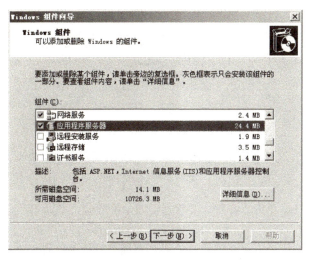

图 10-1　Windows 组件向导

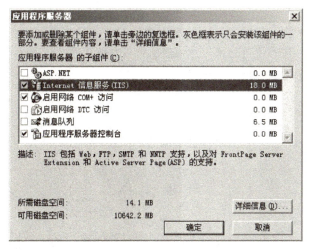

图 10-2　IIS 组件

④ 在"万维网服务"可选组件中包括重要的子组件,如 Active Server Pages 和远程管理(HTML)。要查看和选择这些子组件,选中"万维网服务"复选框,然后单击"详细信息"按钮即可。如图 10-4 所示。

⑤ 单击"确定"按钮,然后单击"下一步"按钮,IIS 6.0 开始安装,安装结束后在"完成 Windows 组件向导"对话框中,单击"完成"按钮即可。

FTP 与此类似,请读者自行完成。

(2)设置 WWW 服务器。

首先要安装 DNS 服务器,在区域中新建 WWW 主机,FTP 主机。

选择"管理工具"→"Internet 信息服务管理器",右键单击默认 Web 站点,选择"停止",再新建站点,输入名称(一般为域名,仅仅是一个标识,说明是哪个部门的主页),

输入主目录如 D 盘 test（主目录是存放网站的目录）。另外，有时还要设置"文档"（文档里面的文件也就是主页名，默认是什么？有时还要添加 index.htm，index.asp）。把这 2 个文件添加进去。

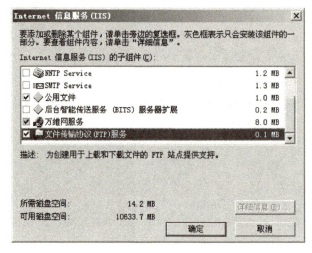

图 10-3　FTP 服务

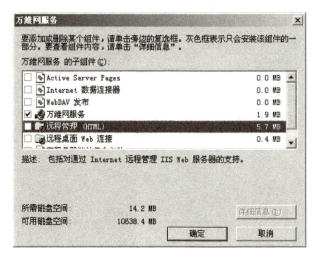

图 10-4　万维网服务

在主目录如 D 盘 test 中新建一个文本文件，输入内容，该文本文件改名为 index.htm。在浏览器中输入域名，如 www.net.com，如果设置正确的话，应该显示出主页内容。

在主网站下面建立一个虚拟目录如 jsj，虚拟目录实际上是子网站，也需要建立主目录，一般在主目录之下，当然也可能在别的服务器上，就是子网站。在 test 中建一个文件夹 jsj，在 jsj 中，新建一个文本文件，输入虚拟目录练习。把文件名改为 default.htm。访问方法为 www.net.com/jsj。

（3）设置 FTP 服务器。

右键单击 FTP 服务器，选择主目录（存放 FTP 下载软件的目录），如果想让用户向里面存文件如主页更新，必须赋予写入权力。

在浏览器中输入 ftp：//ftp.net.com，应该显示出 FTP 主目录中的文件，检查是否有写权力。

10.4　项目总结与提高

（1）写出主要实训步骤。
（2）写出实训所得结论。

项目十一　WINS 服务器搭建配置管理

11.1　项目提出

某公司内部办公网机器系统配置复杂，需求名称解析。网络管理员小李根据需求搭建了 WINS 服务器来保障办公网正常运行。

11.2　项目分析

1．项目实训目的

- 能够安装 WINS 服务器；
- 了解 WINS 服务器的功能。

2．项目主要应用的技术介绍

NetBIOS（Network Basic Input/Output System）是 20 世纪 80 年代末，为了利用 IBM PC 构建的局域网，在 MS-DOS 机器上出现的一种高级编程接口，可以利用网络硬件和软件将这些计算机连接在一起组成局域网。微软和其他供应商利用 NetBIOS 接口，来设计它们的网络组件和程序，后来微软对它进行了扩展，成为 NetBEUI（NetBIOS Extend User Interface）协议，同时 NetBIOS 也成为一个独立的网络 API。它可以在许多不同的协议上使用，既可以在 NetBEUI 上使用，也可以在 IPX/SPX 或 TCP/IP 上使用，由于 TCP/IP 有许多优点，NetBIOS 在 TCP/IP 上使用是最常见的接口。

NetBIOS 使用长度限制在十六个字符的名称来标识计算机资源，这个标识也称为 NetBIOS 名。在一个网络中 NetBIOS 名是唯一的，在计算机启动、服务被激活、用户登录到网络时，NetBIOS 名将被动态地注册到数据库中。NetBIOS 名包含的内容有以下三个。

NetBIOS 名：即计算机名称，用来标识独立的用户或计算机。独立的 NetBIOS 名是工作组的成员，它们属于一个默认的工作组或由用户自定义可以加入一个自选的工作组。

工作组名：用来标识某个工作组的成员。

域名：同工作组名一样，域名也是一种 NetBIOS 组名，它是通过域控制器来标识、证实其成员的。但在域名服务中这两者被认为是一样的，这也就是在计算机"系统属性"中，"计算机名"选项卡中只有计算机名、工作组、计算机说明等项目，而没有"域名"的原因。

WINS（Windows Internet Name Server，Windows 网际名字服务）是为 NetBIOS 名字提供名字注册、更新、释放和转换服务。

WINS 的工作原理如下。

（1）每当 WINS 客户机在启动时就会将自己的 NetBIOS 名称和 IP 地址信息在 WINS 服务器中注册，WINS 服务器经注册信息保存在自己的数据库中。

（2）当某 WINS 客户机需要与另一台 WINS 客户机通信时，就将目的计算机的 NetBIOS 名称送给 WINS 服务器。

（3）WINS 服务器在自己的数据库中找到该目的计算机的 IP 地址返还给请求的计算机。

（4）发起通信的计算机就用该地址与目的计算机通信。

解析 NetBIOS 名的几种方法

（1）用广播：在本地网络上发送广播，通过广播某设备的 NetBIOS 名字，查找其对应的 IP 地址。广播方式也能用于注册自己的 NetBIOS 名字，例如，一台计算机可以通过广播本机的名字，向其他计算机宣告自己使用了这个 NetBIOS 名字。广播的缺点是占用太多的带宽，不能跨越子网。

（2）使用 LMHOSTS 文件：Microsoft Windows 能通过查找存放在本地文件 LMHOSTS 中的数据，来识别网络上 NetBIOS 名字和 IP 的关系，这个方式不是 NetBIOS 名字识别的标准，但它是 Microsoft 的实现方式，因此是一种事实标准。使用 LMHOSTS 文件来解析 NetBIOS 名缺点是：

- 由于 LMHOSTS 文件通常是存放在本地计算机磁盘上的，所以在每台计算机上都要有 LMHOSTS 文件，所以配置的工作量很大；
- LMHOSTS 文件的内容不能动态变化，所以当计算机的 IP 地址发生变化时，要手动更新 LMHOSTS 文件；
- 当网络中的计算机很多时，LMHOSTS 文件记录会很多，严重影响 NetBIOS 名的解析速度。

（3）使用 WINS 服务器：WINS（Windows Internet Name Server）的原理和 DNS 有些类似，可以动态地将 NetBIOS 名和计算机的 IP 地址进行映射，它的工作过程为：每台计算机开机时，先在 WINS 服务器注册自己的 NetBIOS 名和 IP 地址，其他计算机需要查找 IP 地址时，只要向 WINS 服务器提出请求，WINS 服务器就将已经注册了 NetBIOS 名的计算机的 IP 地址响应给它。当计算机关机时，也会在 WINS 服务器中把该计算机的记录删除。

（4）使用缓存：缓存（NetBIOS Name Cache）是为了提高 NetBIOS 名的解析速度而设计的，缓存存在于本地计算机上。当计算机采用以上三种方法取得 NetBIOS 名的 IP 地址后，会先把 IP 地址存储在缓存区内，下次如果还需要解析同一 NetBIOS 名时，会直接从缓存区中查找。IP 地址在缓存区中存在有一定的时限（默认时间是 10 分钟），时限到时缓存的记录会被清除。实际上计算机总是先查询缓存，查找不到时才使用以上三种解析方法。

NetBIOS 节点：

b-node：它利用广播的方式查找 IP 地址。例如，当计算机 A 要与 B 通信时，它就会将"查找 B 的 IP 地址"的消息广播出去，当 B 收到此消息后，就会将其 IP 地址送给 A，因此 A 就可与 B 通信。但是如果 B 位于另外一个网段内，则广播的方式可能无法成功，因为大部分的路由器不会将广播消息传递到另一个网段内，否则会增加网络的负担。

p-node：它利用点对点（peer-to-peer 或 point-to-point）的方式，直接向 WINS 服务器询问。例如，当计算机 A 要与 B 通信时，它就会直接向 WINS 服务器询问 B 的 IP 地址。

m-node：这是 b-node 与 p-node 的混合方式，它会先利用广播的方式，若失败，则改向 WINS 服务器查询。例如，当计算机 A 要与 B 通信时，A 会先利用广播的方式来查找 B 的 IP 地址，若 B 没有响应（例如它位于另一个网段内），则改向 WINS 服务器查询。

h-node：p-node 和 b-node 的结合，计算机首先向 WINS 服务器查询 NetBIOS 名的 IP 地址，如果失败改为通过广播解析 NetBIOS 名。

改变节点类型：

（1）选择"开始"→"运行"命令，在打开"运行"对话框中，输入 regedt32 命令，弹出"注册表编辑器"窗口。

（2）在 HKEY_LOCAL_MACHINE\SYSTEM\CurrentControlSet\Services\NetBT\Parameters 下，新建一个 DWORD 值。

（3）新建值名为 NodeType，值为 1、2、4、8 中的一个，1 表示 b-node，2 表示 p-node，4 表示 m-node，8 表示 h-node。

（4）重新启动计算机，用 ipconfig/all 命令检查节点类型是否已经修改。

11.3 项目实施

1. 项目实训环境准备

较高配置的计算机，VMware 虚拟机软件及 Windows Server 2003 系统。

2. 项目主要实训步骤

（1）WINS 服务器的服务器端安装。

以 Administrator 身份登录，选择"开始"→"设置"→"控制面板"→"添加删除程序"→"添加删除 Windows 组件"→"网络服务"→"详细"，选中"WINS"。（这样在管理工具中就增加了 WINS 项）如图 11-1 所示。

图 11-1　WINS 窗口

（2）WINS 服务器的客户端安装。

为检训 WINS 效果，在设置 WINS 客户端之前先做如下操作：

① 把相邻的 2 台客户机 IP 地址设置成不同网段，网关设为自己 IP 地址，DNS 一定删除为空，WINS 也一定删除为空，协议只保留 TCP/IP。
② 分别在 2 台客户机上搜索对方计算机，看是否能查到对方计算机。（结果不能）
③ 在这 2 台客户机上添加 WINS 服务。
④ 分别再搜索对方计算机。结果如何？说明什么？

11.4 项目总结与提高

（1）写出主要实训步骤。
（2）写出实训所得结论。

项目十二　终端服务配置管理

12.1　项目提出

某公司网络管理员小李出差在外地期间，公司服务器需要维护，小李准备使用终端服务登录服务器，处理问题。

12.2　项目分析

1．项目实训目的

● 熟悉远程桌面

2．项目主要应用的技术介绍

终端服务是指通过特定软件授权远程访问 Windows 桌面，该软件允许客户端计算机作为终端模拟器远程访问终端服务器。

远程登录是 Internet 上重要的服务工具之一，它可以超越时空的界限，让用户访问外地的计算机，Windows Server 2003 也提供了该功能，然而 Telnet 的字符界面发挥不了 Windows 强大的图形界面功能。微软提供了图形界面的远程登录功能，这就是终端服务。在客户机上安装简单的"远程桌面"程序后，用户就可以在客户机上使用鼠标完成对远程服务器的管理。

终端服务系统中主要包括以下几个组成部分。

（1）终端服务器：是安装在被远程控制的 Windows Server 2003 服务器中的一套软件，它接收来自远程桌面的指令，并进行处理，还要将结果返回给远程桌面。

（2）远程桌面：是安装在 Windows 客户机（可以是 Windows 98/ME/NT/2000/XP/2003），甚至可以是 Macintosh 或者 UNIX 下的一套软件，它接受用户的各种输入指令（键盘、鼠标等），传到终端服务器进行处理，还要将终端服务器返回的处理结果在显示器上显示出来。

（3）远程桌面协议：（Remote Desktop Protocol，RDP）是远程桌面和终端服务器进行通信的协议，该协议基于 TCP/IP 进行工作，允许用户访问运行在服务器上的应用程序和服务，无须他们本地执行这些程序，默认时是使用 TCP 的 3389 端口。RDP 将键盘操作和鼠标单击等指令从客户端传输到终端服务器，还要将终端服务器处理后的结果传回到远程桌面。

（4）终端服务器（终端服务器许可证服务器）：由于远程桌面通过网络连接到终端服务器，因此必须确保有合法身份的客户才能连接到终端服务器。每个远程桌面需要使用终端服务器时要提供客户端许可证，该许可证授予客户可以访问终端服务器的"身份证"，这个许可证是由终端服务器许可证服务器进行颁发的（如果仅有两个连接，可以不需要终端服务器许可证服务器）。

终端服务原理：

客户机初次连接到终端服务器后，终端服务器会向许可证服务器为客户申请一个客户许可证，许可证服务器存储所有客户端的许可，将许可证返回给终端服务器。终端服务器再将许可颁发给客户，客户机以后就可以使用该许可连接到终端服务器上了。终端服务器允许未授权的客户首次登录之日起可连接 120 天，到时除非终端服务器找到许可证服务器来颁发客户许可证，否则终端服务器将不再允许客户进行连接。

终端服务器的优点如下。

远程管理服务器：远程桌面程序可以让系统管理员通过网络来远程管理，而不需要坐在服务器的控制台前进行服务器的管理。

多人同时执行位于终端服务器内的应用程序：在终端服务器上安装了应用程序后，该程序可以被许多人在自己的客户机上运行，由于程序的处理是在终端服务器上进行的，对客户机的硬件要求很低，这样可以充分利用服务器上的硬件资源。

此外，应用程序安装在终端服务器上，可以实现程序的集中部署，保证所有的客户都访问相同版本的程序。

12.3 项目实施

1．项目实训环境准备

较高配置的计算机，VMware 虚拟机，Windows Server 2003 系统。

2．项目主要实训步骤

（1）允许用户远程连接。

在 Windows Server 2003 中，已经内置了远程桌面管理功能，如果需要的连接数不超过两个，那么可以仅仅启动"远程桌面"功能，而无须安装终端服务器组件。

启用"远程桌面"的具体的操作步骤如下：选择"开始"→"设置"→"控制面板"→"系统"选项，弹出"系统属性"对话框，选择"远程"选项卡，如图 12-1 所示，在"远程桌面"选项区域中，选中"允许用户远程连接到这台计算机"复选框即可。

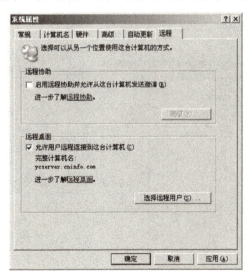

图 12-1 "远程"选项卡

（2）终端服务器的安装步骤。

① 选择"开始"→"程序"→"管理工具"→"管理您的服务器"，打开"管理您的服务器"对话框，在"管理您的服务器角色"选项区域中，如图12-2所示。单击"添加或删除角色"，弹出服务器配置向导，单击"下一步"按钮。

② 如图12-3所示，选中服务器角色为"终端服务器"，单击"下一步"按钮，弹出"选择总结"对话框，单击"下一步"按钮，系统提示需要重新启动计算机，单击"确定"按钮。

③ 安装向导开始安装终端服务器，安装完成后，安装向导会自动启动计算机，重新启动后计算机提示已经成功安装了终端服务器。

④ 在"管理您的服务器"窗口中，单击"打开终端服务配置"，可以对终端服务器进行配置；单击"打开终端服务管理器"，则可以管理终端服务的会话、用户等。

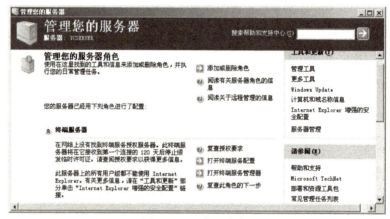

图 12-2　服务器角色

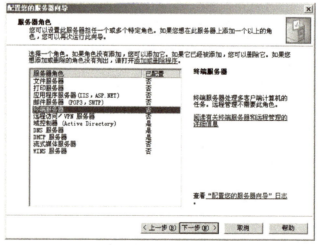

图 12-3　服务器角色对话框

12.4　项目总结与提高

（1）写出主要实训步骤。

（2）写出实训所得结论。

项目十三　打印服务器配置管理

13.1　项目提出

某公司为了提高设备利用率，提高工作效率，需要采用网络打印服务。网络管理员小李准备架设打印服务器解决此问题。

13.2　项目分析

1. 项目实训目的

- 掌握打印机驱动程序的安装方法；
- 掌握局域网共享打印机的方法；
- 熟练使用共享打印机。

2. 项目主要应用的技术介绍

打印设备：打印设备是我们常说的物理打印机。

打印机：打印机是逻辑上的打印机，它实际上是应用程序和打印设备之间的软件接口，用户打印文件通过它送给物理打印机。

将打印机分为物理打印机和逻辑打印机的目的是使用户的管理和使用更为方便。例如，两个用户使用同一台物理打印机，但需要不同的输出效果，或者控制不同用户使用打印机的优先级别、时段和权限等。

打印服务器：用于连接物理打印设备，并将此打印设备共享给网络用户。打印服务器负责接收用户发来的文件，然后将它发往打印设备。

（1）共享打印。

共享打印是把直接连接打印机的一台计算机配置成打印服务器，打印机设置成共享设备，这样网络上的用户就可以通过与计算机的连接，共享该计算机的打印设备。

（2）网络打印。

网络打印则不需要另外配置一台计算机作为打印服务器，只需将具有网络连接功能的打印机连接到需要打印文件的计算机所处的局域网内，就可以在该网络内的任何一台计算机上进行打印。

（3）网络打印的实现。

① 外置打印服务器的网络打印机。
② 内置打印服务器的网络打印机。
③ 无线网络打印机。

打印机设置：

（1）打印优先级。

若希望不同的用户有不同的优先权,可以建立多个打印机,多个打印机对应的打印设备是同一台设备。然后,为每个打印机设置不同的优先级,并将不同优先级的打印机分配给不同的用户使用。

(2)打印时间。

若希望不同的用户在不同的时间段使用打印机,也可以为一个打印设备建立多个打印机,每个打印机设置不同的允许打印的时间,然后将不同打印时间设置的打印机分配给不同的用户使用。

(3)打印机池。

打印机池是将多台物理打印设备集合起来,创建一个打印机与多个打印设备相对应,通过一个打印机同时使用多个打印设备打印文件。当用户将打印任务发送给打印机时,打印机会根据当前打印设备的忙闲状态来决定将此打印任务发送到打印机池中的哪台打印设备打印。

13.3 项目实施

1. 项目实训环境准备

较高配置的计算机,VMware 虚拟机软件及 Windows Server 2003 系统。

2. 项目主要实训步骤

(1)驱动打印机。

打印机型号为 Hp LaserJet 1000 series。

① 运行打印机驱动安装程序,释放驱动程序。

② 选择"开始"→"打印机和传真机"→"添加打印机"→"连接到此计算机的本地打印机",根据屏幕提示进行选择,最后驱动程序位置选释放驱动程序文件夹。如图 13-1 和图 13-2 所示。

图 13-1 添加打印机

项目十三 打印服务器配置管理

图 13-2 打印机属性

（2）共享打印机。

进入"打印机和传真机"，将其设为共享，输入打印机名，设置允许使用的用户（否则，任何人都可以使用你的打印机了）。

（3）设置局域网上计算机的 IP 地址等参数，使局域网上计算机可以互相访问。

参数包括：IP 地址、子网掩码、默认网关。

（4）在客户端上安装网络打印机。

在局域网计算机上，选择"开始"→"打印机和传真机"→"添加打印机"→"网络打印机或连接到其他计算机的打印机"，根据屏幕提示进行选择。如图 13-3 所示。

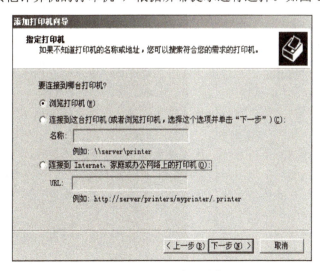

图 13-3 添加网络打印机

(5) 在客户机上使用 Word 打印一篇文章,从打印机上直接输出。

13.4 项目总结与提高

(1) 写出主要实训步骤。
(2) 写出实训所得结论。

项目十四　TCP/IP 网络工具使用

14.1　项目提出

某公司要搭建内部网络，需要测试网络 TCP/IP 设置。网络管理员小李准备用某些命令来测试网络参数性能。

14.2　项目分析

1．项目实训目的

- 了解 Windows Server 2003 系统网络命令及其所代表的含义，以及所能对网络进行的操作。
- 通过网络命令了解系统的网络状态，并利用网络命令对网络进行简单的操作。

2．项目主要应用的技术介绍

ping 命令

原理：源站点向目的站点发送 ICMP request 报文，目的主机收到后回 icmp repaly 报文，这样就验证了两个接点之间 IP 的可达性。

功能：用 ping 来判断两个接点在网络层的连通性。

命令格式：

　　ping　主机名、域名、IP 地址

常见参数：

ping –n　连续 ping N 个包。

ping –t　持续地 ping 直到人为中断，按 Ctrl+Breack 组合键暂时终止 ping 命令，查看当前的统计结果，而按 Ctrl+C 组合键则是中断命令的执行。

ping –l　指定每个 ping 报文的所携带的数据部分字节数。

ping 出错信息：

　　unkonw host

主机名不可以解析为 IP 地址，故障原因可能是 DNS Server。

　　Network unreacheble

表示本地系统没有到达远程主机的路由。检查路由表的配置。

　　netstat –r 或是 route print
　　No answer

表示本地系统有到达远程主机的路由，但接收不到远程主机。

返回报文

> Request timed out

可能是远程主机禁止了 ICMP 报文或是硬件连接问题。

在一般情况下，用户可以通过使用一系列 ping 命令来查找问题出在什么地方，或检验网络的运行情况，典型的检测次序及对应的可能故障：

① ping 127.0.0.1。

如果测试成功，表明网卡、TCP/IP 协议的安装、IP 地址、子网掩码的设置正常。如果测试不成功，就表示 TCP/IP 的安装或运行存在某些最基本的问题。

② ping 本机 IP。

如果测试不成功，则表示本地配置或安装存在问题，应当对网络设备和通信介质进行测试、检查并排除。

③ ping 局域网内其他 IP。

如果测试成功，表明本地网络中的网卡和载体运行正确。但如果收到 0 个回送应答，那么表示子网掩码不正确或网卡配置错误或电缆系统有问题。

④ ping 网关 IP。

这个命令如果应答正确，表示局域网中的网关路由器正在运行并能够做出应答。

⑤ ping 远程 IP。

如果收到正确应答，表示成功使用了默认网关。对于拨号上网用户则表示能够成功访问 Internet。

⑥ ping localhost。

localhost 是系统的网络保留名，它是 127.0.0.1 的别名，每台计算机都应该能够将该名字转换成该地址。如果没有做到这一带内，则表示主机文件（/Windows/host）中存在问题。

⑦ ping www.yahoo.com（一个著名网站域名）。

对此域名执行 ping 命令，计算机必须先将域名转换成 IP 地址，通常是通过 DNS 服务器。如果这里出现故障，则表示本机 DNS 服务器的 IP 地址配置不正确，或 DNS 服务器有故障。

ARP 地址解析协议

原理：arp 即地址解析协议，在常用以太网或令牌 LAN 上，用于实现第三层到第二层地址的转换 IP→MAC。

功能：显示和修改 IP 地址与 MAC 地址的之间映射。

① arp –a：用于查看高速缓存中的所有项目。

② arp -a IP：如果有多个网卡，那么使用 arp -a 加上接口的 IP 地址，就可以只显示与该接口相关的 ARP 缓存项目。

③ arp -s IP 物理地址：向 ARP 高速缓存中人工输入一个静态项目。该项目在计算机引导过程中将保持有效状态，或者在出现错误时，人工配置的物理地址将自动更新该项目。

C：\>Arp   -s 126.13.156.2   02-e0-fc-fe-01-b9

④ arp -d IP：使用本命令能够人工删除一个静态项目。

C：\>Arp   -d 126.13.156.2

Tracert 简介

原理：tracert 是为了探测源节点到目的节点之间数据报文经过的路径，利用 IP 报文的

TTL 域在每个经过一个路由器的转发后减一，如果此时 TTL=0 则向源节点报告 TTL 超时这个特性，从一开始逐一增加 TTL，直到到达目的站点或 TTL 达到最大值 255。

功能：探索两个节点的路由。

Route 简介

原理：路由是 IP 层的核心问题，路由表是 TCP/IP 协议栈所必需的核心数据结构，是 IP 选路的唯一依据。

功能：route 命令是操作，维护路由表的重要工具。

IPConfig 命令

IPConfig 实用程序，可用于显示当前的 TCP/IP 配置的设置值，它在 Windows95/98 中的等价图形用户界面命令为 WINIPCFG。这些信息一般用来检验人工配置的 TCP/IP 设置是否正确。

如果计算机和所在的局域网使用了动态主机配置协议 DHCP，使用 IPConfig 命令可以了解到你的计算机是否成功地租用到了一个 IP 地址，及目前分配的子网掩码和默认网关等网络配置信息。

常用的选项如下。

（1）ipconfig：当使用 ipconfig 不带任何参数选项时，显示每个已经配置了的接口的 IP 地址、子网掩码和缺省网关值。

（2）ipconfig /all：当使用 all 选项时，ipconfig 能为 DNS 和 WINS 服务器显示它已配置且所有使用的附加信息，并且能够显示内置于本地网卡中的物理地址（MAC）。如果 IP 地址是从 DHCP 服务器租用的，ipconfig 将显示 DHCP 服务器分配的 IP 地址和租用地址预计失效的日期。

（3）ipconfig /release 和 ipconfig /renew：

只能在向 DHCP 服务器租用其 IP 地址的计算机上起作用。

ipconfig/release——所有接口的租用 IP 地址重新交付给 DHCP 服务器（归还 IP 地址）。

ipconfig /renew—— 本地计算机设法与 DHCP 服务器取得联系，并租用一个 IP 地址。大多数情况下网卡将被重新赋予和以前所赋予的相同的 IP 地址。

14.3 项目实施

1．项目实训环境准备

较高配置的计算机，VMware 虚拟机软件及 Windows Server 2003 系统。

2．项目主要实训步骤

（1）启动网络中所有计算机，并在本机 MS-DOS 提示符下输入"ping 网络中某台机器名或 IP 地址"

（2）在本机 MS-DOS 提示符下输入"winipcfg"（WIN98）或"Ipconfig/all"（Win2000 以上：），记录下命令运行结果，如图 14-1 所示。

（3）本机 MS-DOS 提示符下输入"netstat -a 某台计算机的 IP 地址"命令，显示对方机器的计算机名、所在组或域名、当前用户名，记录下结果。如图 14-2 所示。

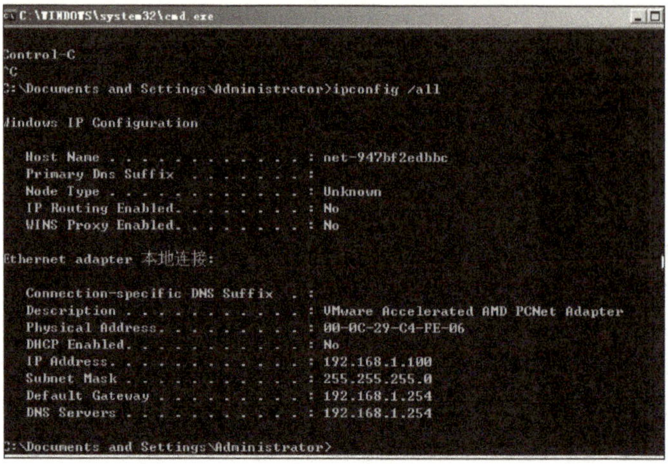

图 14-1 ipconfig 命令

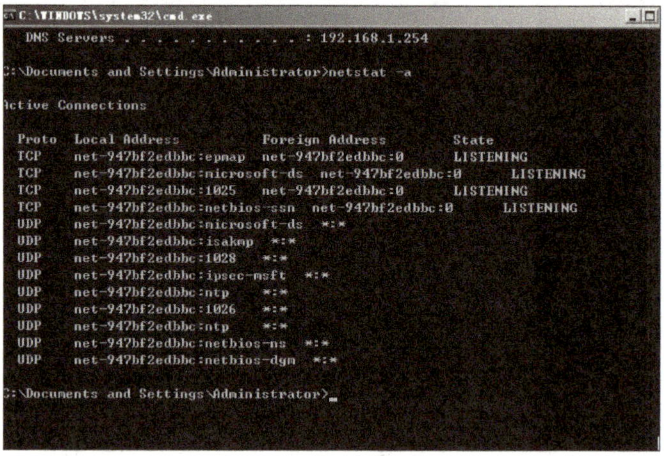

图 14-2 netstat 命令

（4）在本机 MS-DOS 提示符下输入"netstat –a"命令，显示出本机所有开放的端口号，并记录结果，如图 14-3 所示。

（5）在代理服务器端的 MS-DOS 提示符下输入"ARP-s IP 地址 机器网卡的 MAC 地址"以实施 IP 地址与 MAC 地址的捆绑。

（6）在代理服务器端的 MS-DOS 提示符下输入"ARP -D -d 网卡 MAC 地址 IP 地址"以解除捆绑。

（7）在本机 MS-DOS 提示符下输入"net view 某机的 IP 地址"以显示该机上的共享资源。

（8）在本机 MS-DOS 提示符下输入"net use K：\\某机的 IP 地址\MUSIC"，将这个 IP 地址机上的 MUSIC 共享目录映射为本地的 K 盘。在本机 MS-DOS 提示符下输入"net share"显示本机共享资源。在本机 MS-DOS 提示符下输入"net share c$ /d"以删除共享增加一个共享：c:\net share music=e：\ music /users：1 music 共享成功。同时限制链接用户数为 1 人。

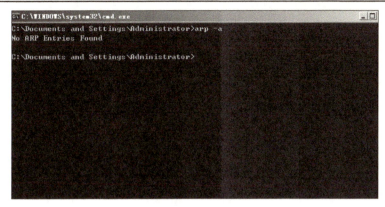

图 14-3 arp 命令

14.4 项目总结与提高

（1）写出主要实训步骤。

（2）写出实训所得结论。

项目十五 Windows 2003 组策略管理

15.1 项目提出

某公司随着发展，软硬件资源越来越多，管理复杂。为了解决这个问题，网络管理员小李准备采用组策略，提高工作效率，使公司计算机管理更加规范。

15.2 项目分析

1. 项目实训目的

- 掌握 Windows Server 2003 账户策略的使用方法。
- 掌握 Windows Server 2003 审核策略的使用方法。
- 掌握本地策略的使用方法。

2. 项目主要应用的技术介绍

组策略是一种在用户或计算机集合上强制使用一些配置的方法，定义了用户的桌面环境等多种设置。使用组策略可以给同组的计算机或者用户强加一套统一的标准，包括菜单启动项、软件设置，这样计算机或者用户可以有相同的菜单、相同的快捷方式等各种配置。

网络管理主要是依赖组策略来进行的，它在活动目录上的应用最大。在此要说明的是，"组策略"中的"组"和以前介绍的用户组并没有什么直接关系，不要把组策略理解为针对用户组所配置的策略。

简单理解，组策略就是一套 Windows Server 2003 的配置方案，如图标、菜单的设置，这套方案可以应用到一批计算机或用户上。

组策略利用访问控制列表（Access Control List，ACL）记录权限设置，可以修改组策略的访问控制列表，指定哪些人对该组策略拥有何种权限。

用户只要有足够的权限，就能添加或删除组策略，但无法复制组策略。

系统已经有以下两个内建组策略。

Default Domain Policy：默认域组策略，此策略已被连接到域，因此它将影响域内所有计算机和用户。

Default Domain Controller Policy：默认域控制策略，此策略已被连接到 Domain Controller OU，因此该策略将影响域控制器组织单位内的所有计算机和用户。

组策略配置类型：

应用组策略时存在两种配置选项：计算机配置和用户配置。当计算机配置和用户配置发生冲突时，用户配置会覆盖计算机配置。

计算机配置：用于管理控制计算机特定项目的策略，包括桌面外观、安全设置、操作系统下运行、文件部署、应用程序分配、计算机启动和关机脚本运行。这些配置应用到特定的计算机上，当该计算机启动后，自动应用设置的组策略。

用户配置：用于管理控制更多用户特定项目的管理策略，包括应用程序配置、桌面配置、应用程序分配、计算机启动和关机脚本运行等。当用户登录到计算机时，就会应用用户配置组策略。

组策略功能类型：

软件部署：包括应用程序分配和应用程序发行两部分内容。应用程序分配指把应用软件提供给桌面，当计算机或用户根据组策略安装后就不能修改或删除应用程序；应用程序发行指将应用软件提供给用户或计算机，允许它们选择安装。

软件策略：最常用的配置设置，这些选项定义了用户的工作环境。例如用户的"开始"菜单、屏幕保护程序或用户配置文件的设置，包括操作系统组件和注册表设置。

文件夹管理：允许组策略系统管理员添加文件、文件夹和快捷方式到用户桌面。

脚本：脚本能够用于在某些时间自动运行批处理文件的进程。

安全：用于定义目录树、域、网络和本地计算机的安全配置，能够用于设置账户策略。

组策略的启动方式：

当组策略配置好后，这些配置要被应用到用户和计算机后才有效。

组策略计算机配置的启动方式是：①计算机开机时自动启动；②如果用户不重新开机，系统会每隔一段时间自动启动；③手动启动。

组策略用户配置的启动方式是：①用户登录时自动启动；②即使用户不注销、登录，系统默认每隔 90～120 分钟自动启动；③手动启动。

组策略的优先级：

组策略对象用于存储组策略的配置信息、控制站点、域和组织单元中用户和计算机的设置。

在 Windows Server 2003 中有本地组策略、域组策略、域控制器组策略和组织单元组策略，它们的优先级如下：①本地组策略；②域组策略；③域控制器组策略；④组织单元组策略。

在默认情况下，这些策略不一致时，最后应用的策略将覆盖以前的策略。如果这些策略设置的对象不一致，前后的策略都将是有效策略。组策略可以继承，也可以阻止组策略继承。

15.3 项目实施

1. 项目实训环境准备

较高配置的计算机，VMware 虚拟机软件及 Windows Server 2003 系统。

2. 项目主要实训步骤

（1）备份本地安全策略，如图 15-1 和图 15-2 所示。

依次打开"开始"→"程序"→"管理工具"→"本地安全策略"，右键单击"安全设置",选择"导出策略",输入文件名 bak.inf,文件名可以任选,只要你知道是它是最原始的安全策略便可。

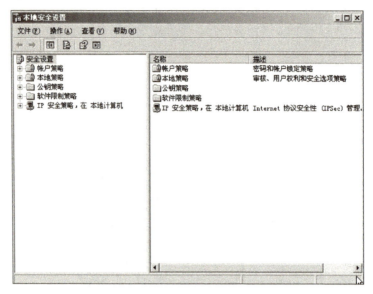

图 15-1　本地安全策略

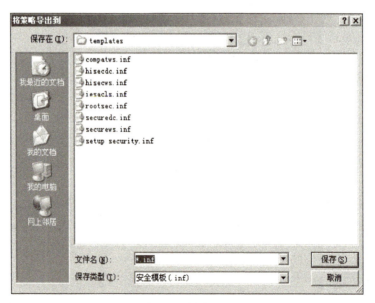

图 15-2　策略导出

(2)恢复本地安全策略

① 在做恢复本地安全策略以前,先建立一个用户,不给口令,应该顺利建成。

② 进入本地安全策略,右键单击"安全设置",选择"导入策略",可以看到许多安全模板,包括你上面备份的那一个,这些安全模板是 Windows Server 2003 自带的几套,系统管理员可以不作任何更改将其应用到系统中来,不同模板的安全级别不

同,作为网管员应该熟悉这些模板,在具体工作时,你可以在这些模板的基础上,自定义出适合具体工作场合的模板。

③ 请同学们导入 hisecde.inf 策略,重新建一个用户,如同①一样,不给口令,结果如何?不能建用户,原因:因为本地安全策略与原来的不同了,它使用了另外一个系统已经设置好的要求用户口令的安全策略。

④ 请同学们导入你备份的本地安全策略 bak.inf,导入结束后,再重新建一个用户,结果如何?说明了什么?

(3)账户策略,如图 15-3 所示。

① 用管理员登录,新建一个 test1 用户,不输入密码,是否能建成?进入本地安全策略,再进入账户策略,再进入密码策略,双击密码长度最小值,输入 4,退出。这时新建一个用户 test2,不输入密码,是否能建成?有什么提示?输入 3 位密码,结果如何?输入 4 位密码,结果如何?再进入本地策略中的账户策略,双击密码必须符合复杂性要求,先已启用,退出。这时再新建一个用户 test3,输入密码 abcd,1234,a1b2,a1b:,哪个能建成用户?从而说明密码必须符合复杂性要求是指:该密码必须由字母、数字、符号三种组成,缺一不可。最后复原:取消密码必须符合复杂性要求和把密码长度最小值设为 0。

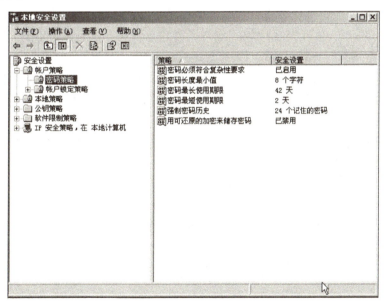

图 15-3　账户策略

② 用管理员登录,新建一个 test4 用户,只选下次登录时改变密码,再建一个用户 test5,输入密码:test5,只选用户不能修改密码。分别用 test4 和 test5 登录,是否都能登录?用管理员登录,进入安全策略,再进入密码策略,把密码最长保存期改为 30 天,再修改系统时间,向后延长 30 天,分别用 test4 和 test5 登录,有什么提示?能否登录?为什么?用 test4 用户登录,能否自己修改密码?用管理员登录,进入安全策略,再进入密码策略,把密码最短存留期改为 55 天,用 test4 用户登录,能否自己修改密码?用管理员登录,把系统时

间向后延长 55 天，用 test4 用户登录，能否自己修改密码？恢复设置值，把上面修改的数据包括系统时间都恢复到原来系统默认值。

③ 用管理员登录，新建一个用户 test6，只选下次登录时改变密码，进入本地安全策略，再进入密码策略，把强制密码历史改为 5，用该用户登录，输入密码 111，再用管理员登录，把系统时间向后延长 2 个月，再用 test6 登录，有何提示？修改为密码：222，再用管理员登录，把系统时间向后延长 2 个月，再用 test6 登录，修改密码，选输入 111，有什么提示？再输入 222，有什么提示？最后输入 333，有什么提示？说明什么？

④ 用管理员登录，新建一个用户 test7，选用户不允许更改密码，密码永不过期，输入用户密码 test7。进入本地安全策略，进入账户策略、账户锁定策略，把复位账户锁定计数器定为 3 分钟，把账户锁定时间改为 2 分钟，把账户锁定阈值设为 3 次。用 test7 登录，输入不正确的密码 3 次，看屏幕提示，再输入正确的密码，能否进入？换一个用户能否登录。这项设置主要是为了防止别人反复试你密码。

（4）审核策略，如图 15-4 所示。

① 用管理员登录，进入事件查看器。把所有日志全部清空，进入本地安全策略、审核策略，双击登录事件，选成功。新建用户 test8，用其登录，进入事件查看器，结果如何？用管理员登录，进入事件查看器，进入安全日志，查看结果。

② 进入本地安全、审核策略，双击审核对象访问，选成功和失败，新建一个文件夹 f1，在 f1 中新建文件夹 f11，把 f1 设置成对所有人只读属性，右键单击 f1，选择"属性"→"安全"→"高级"→"审核"，添加 everyone，把删除和删除子文件夹和文件的成功和失败都选上。用 test8 登录，进入 f1，删除 f11，返回 f1，删除 f1。用管理员登录，进入事件查看器、安全日志，是否能看到哪个用户对文件夹 f1 及子文件夹 f11 进行删除操作。其他审核自己试一下。

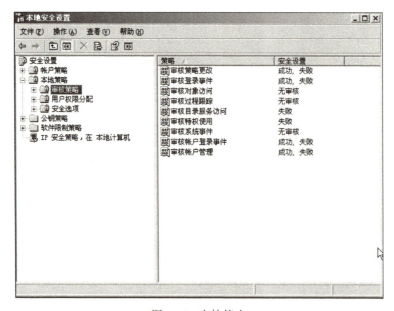

图 15-4 审核策略

(5) 用户权利指派，如图 15-5 所示。

① 用管理员登录，新建一个用户 test9，用 test9 登录，看能否关机？用管理员登录，进入本地安全策略、用户权利指派，双击关闭系统，添加 test9 用户，再用 test9 登录，看能否关机？

② 用临近的计算机访问自己的计算机（用网上邻居），看双方是否能互相访问，设置自己的计算机，进入本地安全策略、用户权利指派，双击拒绝从网络访问这台计算机，选 everyone。临近计算机一定注销。双击网上邻居，能否访问这台计算机？这台计算机能否访问这台临近的计算机？

③ 用管理员登录，自己试一下拒绝本地登录和更改系统时间。

图 15-5　用户权利指派

(6) 安全选项，如图 15-6 所示。

① 双击"登录屏幕上不要显示上次登录的用户名"，注销后登录，看是否有在上次登录的用户名。这样做比较安全。

② 用管理员登录，进入本地安全策略、安全选项，双击"用户试图登录时消息标题"输入"特别注意"四个字。再双击"用户试图登录时消息文字"，输入"修改完各项设置后请恢复到修改前状态"。注销后重新登录，看是否有屏幕提示？

③ 自己试一下允许在未登录前关机和重命名系统管理员账户。

(7) 安全模板的使用，如图 15-7 所示。

① 将"安全模板"和"安全配置和分析"添加到控制台。依次单击"开始"→"运行"，输入"mmc"，然后单击"确定"按钮。在"文件"菜单上，单击"添加/删除管理单元"，然后单击"添加/删除管理单元"中的"添加"。依次单击"安全模板"→"添加"→"安全配置和分析"→"关闭"，然后单击"确定"按钮。在"文件"菜单中选择

"保存",输入"我的安全模板"文件名,该名称可以是任意的,只是标识一下你自己定义的安全模板。

② 使用安全模板。

依次单击"开始"→"所有程序"→"管理工具"→"我的安全模板"(上面建立的),双击"安全模板",双击"模板存放目录",可以看到系统已经存在的模板,双击"hisecdc",双击"账户策略",再双击"密码策略",看右侧可以发现要求用户密码必须是 8 位。

大家要仔细分析,知道这些模板的具体要求,以备工作中灵活使用。

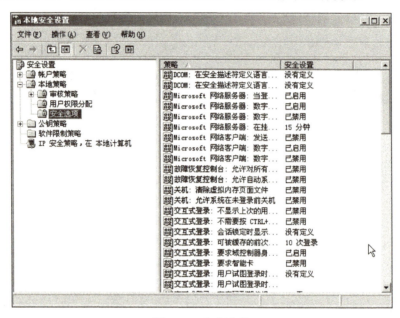

图 15-6 安全选项

③ 为了使安全性设置生效,必须对安全性模板进行配置和分析。

④ 右击"安全配置和分析",选择"打开数据库",输入一个名称(任意,最好标识一下,如普通级、高级限制等),如 putong,xianzhi 等。再选择一个内置安全模板,如 hisecde.inf,右键单击"安全配置和分析",选择"立即分析计算机",这时,可以看到分析结果。如果想使这些配置生效,右键单击"安全配置和分析",选择"立即配置计算机"。

⑤ 这时再新建一个用户,不给口令,结果?说明了什么?

⑥ 重复③,"打开数据库"时,输入上面备份的最原始的安全设置 bak.inf,其他与③相同,结束后,再建一个用户,不给口令,结果如何?说明了什么?

⑦ 自定义模板,如果自带的模板不能满足用户安全需要,则要创建自定义模板,进入"我的安全模板控制台",打开已经存在的模板,右键单击某一个模板(你自己定义的模板要在它的基础上改变),选择"另存为",输入一个你容易记的名子,如 test1.inf。右键单击该模板,设置描述,可以输入你对这个模板的说明。双击 test1.inf,你可以根据需要自己修改。修改完成以后,右键单击"安全配置和分析",选择"导入模板",将它导入,再次进行分析、配置。这样才能生效。

项目十五 Windows 2003 组策略管理

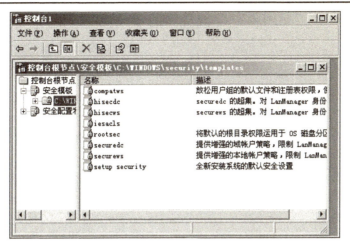

图 15-7 安全模板使用

15.4 项目总结与提高

（1）写出主要实训步骤。
（2）写出实训所得结论。